邱德光

NEW ART DECO

新装饰主义 ✦

袁欣　姚京/主编

辽宁科学技术出版社

杏黄

黛藍

欖綠

本色

卷首语

名家对话

新装饰主义+

新装饰主义+代表作

目录

CONTENTS

目录

CONTENTS

卷首语

邱德光
"新"装饰美学说

T.K CHU

NEW

ART DECO

PHILOSOPHY

触碰一个时代，如果能以财富作为切口便不难发现：经济的发展必然带来消费观念的变化，并由此衍生新的审美取向和价值观。

在20世纪财富无限扩张的背景下，法国当代社会学家让·鲍德里亚以独到的符号学视角，犀利而又精准地指出在物欲横流的消费时代，"富裕的人们不再像过去那样受到人的包围，而是受到物的包围。消费的物与符号，早已成为生活的象征"。显赫的地位，华贵的生活，仿佛一切"炫富"的资本只是通过一个接一个的物质符号加以表征。如此的生存逻辑，让人难以逃离财富的浮华与喧嚣。

而21世纪得益于科技的卓越发展，使得纯粹而又单调的审美趣味逐渐进入异化的空间。在三十余年的设计生涯中，邱德光体悟并感受着艺术设计与时代的碰击中，迸发而出的美学花火。摒弃"装饰主义"的单纯复制，邱德光在秩序井然的混搭中，构建出"新装饰主义"的审美风范。此刻请静听邱德光，一个"新"美学思想者的内心独白。

设计，寻求普世价值

设计中的复制，毫无意义可言。美，就是当下的普世价值。设计更多地要学着改变，不断重新去演绎现代化和时尚化。时代背景给予设计发展的动力，任何事物的发展都被历史的车轮向前推进。如何在时代的关照下，去演绎和革新设计手法，更能彰显出艺术的无限活力。设计师应该根据当下变动不居的时尚去进行设计，而非毫无根据地进行某种意义的自创。

进入21世纪，包括建筑设计在内的多领域设计均发生了变化。我们看到很多设计产品不再是传统的建筑设计，而2012年的上海世博会则可以看作是这一转变的顶峰。上海世博园中的每一个展馆，可以说沿用同一种设计概念，即由各种不同素材展现出的"图像式立体化"，这就是时尚。

在邱德光看来，掌握在多数人手中的设计产品，就能够称之为时尚。从服装出发，曾经的服装穿着会以肥大为美，然而现在则完全呈现出另外一番模样。时尚就是这样，能够互相影响，相互采纳。你所要做的就是，首先确定美的源头究竟在何处，而了解的深层意义在哪里？在于发现自我，进而你才会创造出属于你自己的美的空间与建筑。

装饰，冲破"罪恶"樊篱

在邱德光所接受的教育中，一直被灌输的就是"装饰即罪恶"，对于建筑而言更是如此。在台湾近三十年的设计工作，也只是进行简约设计而已，室内装饰这一领域迟迟不敢触碰，其一因为外行怕被嘲笑，其二，早已被"装饰即罪恶"所洗脑。台湾80%的设计属于极简风格，而当一部分人看Art Deco风格的设计时，仍将其与恶俗划等号。

恰恰是在2000年，世界迎来了一场技术革命，而革命领导者就是服装设计师。在他们看来，室内设计师的作品千篇一律，无法满足个性化的需求。便亲自操刀，开始跨界将衣服穿到家具身上去。这对于我而言，是一件不可思议的事情。

在这之前，我并不敢尝试古典的语汇，原因在于它们已然不属于现代生活，有着鲜明的距离感。当看到有人尝试将古典与时尚接轨时，仿佛在欣赏一位精致的美女，我不妨也学着将古典转化为现代，或是在古典当中融入现代元素，使其与时尚接轨，与个人生活接轨，进而与仪态接轨。生活对于人而言，就是要懂得装饰自己。无论是简约还是繁复，只要喜欢就好，没有必要强求别人与你保持一致。

时尚，"新"之所在

精英式的教育方式，希望培养出更多精英与大师。纯粹的知识传授，必然产生曲高和寡的距离感。而当下的商业行为，即是消费者行为。由于设计观念与消费行为无法对接，不免造成"各自为政"局面的出现。设计师与消费者之间相互排挤和互不认同，这才是当前最大的问题。

现在对于很多设计师而言，他们不愿意向消费者妥协，不去关心他们的喜好。而我不认为自己是一个伟大的设计师，仅是一个服务于消费者的设计师。正是如此，近几年一直都在揣摩，究竟什么是消费者所喜欢的。

所以我经常谈时尚，虽然很多人并不乐意去谈这个话题，但是难以有比"时尚"更加贴切的说辞。时尚，就是当下的美。虽然，当下对于美的评判标准是变动不居的。但是，设计师如果始终将时尚作为当代生活标准之一去看待，又将会是一种全新的设计理念。而新装饰主义的精髓就在于此，你要根据当下人们对于美的标准，完成的一个新的包装，一个完整的品位、态度来交付于消费者。"新"，就是无穷无尽地进行转换，应该有新的作品诞生，哪怕只有一点点，那也是与过往的区别。其实，也就是一个"新"字，就能够与传统的装饰主义产生差别，就不再是传统意义上的"装饰即罪恶"。让消费者喜欢，这个"新"才算真正成功。否则，再进行怎样的品牌宣传和推广也只是徒劳。

秩序，"跨界混搭"的智慧

之前，我更习惯于运用简约设计，通常是一种颜色运用到底。接手大陆案子，会发现大有不同。时常一次性需要做出5~6个方案，一味简约极其单调。因此，我渴望不断突破与创新，寻找更加令消费者满意的设计作品。但是纯粹的美式、新古典、欧式的设计风格又并非本意，思考如何重新发掘一种设计风格变得极为迫切。

了解历史，才能完善自己。通过阅读大量的图书，研究大量历史的语汇，Art Deco成为我第一个可以接受的设计风格。在Art Deco中，当然有简约的元素，可以与作品对接，而其在珠宝、饰品、艺术品、雕塑品、电影、建筑等众多领域的广泛应用，可以为设计提供大量素材，便最终选择这一路线，并在这一基础上，进而开始研究世界各地的家具产业设计，从而理出一个更加清晰的思绪。

然而，当第一个装饰主义风格的作品完成后，发现运用得还是太过纯粹。既然当前经济的飞速发展，为艺术的跨时空混搭提供了天然的技术便利，从而使其不仅仅停留在意念之中。因此，在之后设计台北信义之星的过程中，开始再次改变，转而进行巴洛克风格的设计。但是，我所谓的沿用是将传统变为现代，尝试新的巴洛克方式。可以加入一些或极简，或繁复的装饰性元素，但运用应讲求次序和比例，以免因混乱而显得恶俗。人们之所以觉得巴洛克家具很难看，原因在于沙发、桌椅统统采用雕刻手法，全部很浮躁缺乏一丝安静。此时，连续性变得极为重要。设计语汇的连续性、艺术风格的连续性，所有看似毫不相干的元素也正是由于具有内在逻辑的连续性，而重现变得合情、合理。

因此，对于设计师而言，究竟何种比例是正确的以及空间与饰品自身的概念，一定要分拣得非常清楚。只有简约空间搭配简约家具，家具才能变成空间不可分割的一部分。要六维空间看事情，要从整体的空间和视角出发，来延展布局，才不致混乱。对待工作、待人接物等更是不能失控，每一种关系都要分列清楚。

认同, 一门平衡的艺术

作为一名设计师, 可以将缥缈虚无的创想转化为触手可及的现实, 但更应深知, 做设计绝不可孤芳自赏、闭门造车。对于设计师与业主之间的二元矛盾而言, 设计师虽然有具象的创意形成于意念之中, 但是面对业主个性化的创意和思想, 首先要学会倾听, 只有进入他人思想之中, 去认同它, 才会获得业主认同。

设计师肩负一种责任, 他应该为客户营造一种与自身气质吻合的场合, 这样生活其中才会身心愉悦。设计师比一般人有更多的责任去了解这个社会的动态, 进而才能让业主信服。只专注于一种设计风格的状态可遇不可求, 我作为 "现实" 的设计师, 通常会将自己与他人的思想加以整合, 再交给业主, 使其真正体现业主自己的思想。这就是我的做法, 跟很多设计师有所不同。

2005年NAGA上院, 作为我在内地的第一个案子, 当时李总 (NAGA上院总裁 李建国) 指出我的设计案中, 居室部分的设计只是摆放了两件巴洛克式的椅子, 而其他部分仍是沿用简约风格的设计方式, 对此感到疑惑。"如果是纯粹的巴洛克, 那就绝非是我"。而之所以这样设计的原因, 在于实现巴洛克的现代化。如果在此摆放不同设计风格的沙发, 将会让巴洛克风格更加凸显, 这其中自有它的比例关系存在。对于这一回答, 李总欣然肯定, 最终达成审美共识。

文化, 生活因何存在

我毕生所作之事, 就是在将世界范围内的多元设计元素加以融合, 转而为我所有。关照当下, 现代国人的服装、品味都在与世界同行, 因此我们没有理由也无法排斥外来文化。但问题的关键在于, 首先应清楚自我的设计定位。从而将其作为设计之根基, 而这个最大的根基就是中国传统文化。的确, 我在不断地设计出中国传统文化意味浓郁的作品, 但是过分夸大, 就将落入难以与世界同步的窠臼。

文化是我们的根, 我更期待的是中国的设计师能够认准自己的根。中国文化中的很多元素奇妙非常, 无论是具象或是抽象设计语汇, 在我们手中都可得以重塑, 化身时尚产品。在我的设计作品中, 明朝圈椅系列就是典型一例。通过转换器物本身的原始思想, 将圈椅和云，这两种本来脱开来的事物，通过现代激光切割技术使二者重新结合，不再让人觉得古典气息十足。其实，通过古今中外的融会贯通，将中国文化元素变得现代化、时尚化，不失为一件乐事。

文化的传承也是如此，每一个时期，我们传承的并非文化中的某个细节或是某种生活品味，而是生活原则的传承。如果说，当下国人应持有怎样的生活态度，那么我所提倡的正是传统的现代化。因为，在今天这个浮躁的年代，文化才是真正的财富。

新装饰主义
创造属于中国设计的
文化多元性

NEW ART DECO

DIVERSIFIED CULTURE

CREATIVE

Shashi Caan
（IFI国际室内建筑师及设计师联盟主席、IDA国际设计联盟的前行政主席）

我们设计的环境，是记忆的仓库，也是梦想的容器。它们使我们的理想、愿望与需求付诸于形。无论何时，环境都是我们自身、社会、文化以及时代最终的体现。就像我们设计与建造了社区和场所，试图充分表达自我；而这些社区与场所反过来也会帮助我们定义自我。我们渴望让时代与众不同，并借由这种表达，让我们自身与众不同。

对于人群、文化与设计，风格是一种必不可少的视觉信号与特色鲜明的表达方式。它展示我们的喜好与信念，并因此能够区分与强调个性。通常，大多数风格会理性地关联一种讲述时代故事的文化运动。风格几乎总能唤醒一种本能的回应，视觉与身心的体验，带来对风格最好的理解。作为设计内在的一面，风格是捕捉注意力的第一步。它巧妙地激发体验。当风格因由这些基础催生出崭新的工艺、进步的技术或完整的材料应用，并结合设计师成熟纯粹的意图阐释时，它便具有了展示创新的能力。在这种情况下，风格能突破边界，缩小距离，并因此超越环境与国界，直至触及灵魂。在跨越行业、地理与种族后，新鲜而整体的表达总能愉悦心灵，联结情感。

无论身处世界何地，人们都为风格所打动。在这个人人意识到自我独立与个人风格的年代，我们积极地参与生活方式的选择，从而为自身存在赋予意义。从东方到西方、从北方到南方，在无比广泛而又极其细微的文化差异中，正因人们依然保持共通之处，我们得以分享以人为本的理念。在这个过程中，我们寻找认同与慰藉。当设计与风格毫无意外地普遍存在时，探索某种风格运动的整体变迁更令人着迷。此种情况下，当思考与表达被层层剥开，直到只剩下共通的人本精神时，我们几乎总能发现所有的人性都呈现出对生理与情感满足的相同需求。同样，无论来自哪里，敏感而天赋异禀的人会将这种整体的变迁与情感植入本土文化的根基中进行阐释。他们是深思熟虑、前瞻而富于革新的个体。他们为变革，及变革的接纳铺垫了基石，并创造出独属于中国设计的文化多元性。站在当代中国角度思考设计、风格与装饰的邱德光，正是这样一个个体。

为了把邱德光的作品——新装饰主义 (Neo Art Deco) 定位在其语境中欣赏，重要的是回顾历史。装饰主义 (Art Deco) 的名字起源于1925年在装饰艺术博物馆 (Le Musée des Arts Decoratifs) 举办的法国艺术展。它不仅在那一时代史无前例，更是对早期为表达丰富体验所创图案的探索与重新解读。文体上，装饰主义被设想用来取代当时复兴传统造型与装饰文法的布杂艺术流派 (Beaux-Arts)。装饰主义为新古典主义的对称性与简洁性赋予了新的表达形式。它对那一时期例如铝、胶木、铬、塑料和不锈钢等现代材料的使用，带来前所未有的视觉丰富度，并因此形成日益清晰的风格定义。看似纯粹的装饰，实际代表更多。在法国起源后，装饰主义得到全世界的认同与推广。它反映了科技进步、民族主义、几何结构与色彩；它的造型、装饰与对材料的选择，常常开始关联速度与传输。装饰主义纹饰被看作是美与力量的双重表达。

回看邱德光的作品，他的设计是对当代文化的创造性解读，而那些灵感则源自更早的时期。在"装饰主义"被添加"新"这一前缀后，既承认了其风格渊源，也将其扩展到崭新的领域。邱德光作品丰富的造型、材料与纹饰，是对那个更早时期的礼敬，同时也是真正属于自我的构建。

新装饰主义是一种复兴风格。它一方面体现出上世纪二三十年代装饰主义运动的特征，一方面试图更新与重组当代设计的思路，认为历史能为由设计驱动的社会进步提供深入的先例，也因而可能站在往昔时代巨人的肩膀上推陈出新，在进行中，通达未来。

译文：姚京

《邱德光新装饰主义⁺》这本书，不仅介绍了一位卓越的中国设计师的设计历程，也是对未来中国设计可能性的前瞻性探索与定位。

———————————

Our designed environments are the repositories of our memories and they are the containers of our dreams. They help to give shape to our aspirations, wants and needs. At all times, our environments are reflections of us, our society, our culture and our moment in time. As we design and build our communities and the places, which in turn will help to define us, we seek to become fully self expressed. We aspire to make our era distinctive and, with that, to distinguish self.

Style is a visual signature and a distinctive expression that is essential to people, culture and design. It helps to differentiate and emphasize an uniqueness by showcasing our preferences and beliefs. Most often intellectually associated with a cultural movement telling the story of a period in time, style almost always evokes a visceral response and is best understood when visually and physically experienced. An intrinsic aspect of design, style is often the first impression which captures our attention. It intrigues and stimulates. When style evolves out of such fundamentals as new processes, technological advancements or the integrity of material use, and is combined with the deliberate and pure interpretation of the designer's intent, it has the capacity to showcase innovation. In these instances, style transcends context and country, and can touch the human psyche by defying borders and diminishing distance. Fresh, holistic interpretations always delight the soul and unite people across all walks of life, geographies and ethnicities.

Around the world, all people are affected by style. In our age of consciously living our individual and personal style of life, we actively engage in lifestyle choices which help to give meaning to our existence. Amidst the vast variety and quite nuanced cultural variations from the east to the west, north and south, we share the fundamentals of our humanity since people remain the common denominator. In this we find recognition and comfort. While it is not surprising to find design and style everywhere, it is intriguing to explore the global migration of certain movements of style. In doing so, we almost always discover that when thinking and expression is stripped down to these shared basic human fundamentals; all of humanity exhibits the same need for physical survival and emotional satisfaction. Also, regardless of their origin, sensitive, talented people interpret global shifts and sentiment in the context of local cultural anchors. They are thoughtful and forward looking individuals who are always progressive. They help to pave the way for change, and its acceptance, and create a cultural richness uniquely theirs. T. K. Chu is such an individual when considering design, style and decoration in and for contemporary China.

Shashi Caan
（IFI国际室内建筑师及设计师联盟主席、IDA国际设计联盟的前行政主席）

To appreciate and to place Chu's work, Neo Art Deco, into context, it is important to look back into history. The name of the style Art Deco was derived from the 1925 French art exposition at Le Musée des Arts Decoratifs. It was not only a rejection of the then historic precedents but also a search and reinterpretation of earlier motifs conceived to achieve a new richness of experience. Stylistically, Art Deco was envisaged to replace the then popular revivalist Beaux-Arts grammar of classical forms and ornaments. Art Deco gave new expression to the symmetry and simplicity of neoclassicism. Its use of then modern materials, such as aluminum, Bakelite, chrome, plastics and stainless steel gave a visual richness not seen before and helped to define and articulate the style. While seemingly purely decorative, it was more. Originating in France it achieved acceptance and application across the globe. It reflected scientific progress, nationalism, geometry, and color, and its forms, décor and choice of materials often became associated with speed and transportation. Art Deco ornamentation was seen to express both beauty and strength.

Returning to Chu's work, his designs are creative interpretations of culture today, finding their inspiration in that earlier period. By adding the word 'neo' – or new – to the term Art Deco, the stylistic origin is both acknowledged and expanded to be something new. The forms, material richness and ornamentation of Chu's design pay homage to that earlier period but become truly their own.

Neo Art Deco is a revival style which was coined in the 1980s and early 90s. While embodying characteristics of the Art Deco movement of the 1920-30s, Neo Art Deco seeks to refresh and realign current design thinking by recognizing that our history can provide deep precedent for a design driven societal progress. That it is possible to build the new upon the shoulders of masters from our past, and in the process, to provide mastery for the future.
This book, Neo Art Deco, not only presents the journey of one exceptional Chinese designer, but also the exploratory and progressive positioning of possibilities for the future of Chinese design.

名家对话

田家青 ✕ 邱德光

——畅谈中国古典家具艺术

THE CONVERSATION

TIAN JIAQING ✕ T.K. CHU

ENJOY OPEN CONVERSATION REGARDING

THE ART OF CHINESE CLASSICAL FURNITURE

空间，因家具的存在而不再寂寥。在中国传统文化中，木制器具的衍化生息总是与"家"有着极为紧密的关系。一处空间，之所以具有"家"的生活意味，是由于坐卧、凭倚、贮藏、间隔等功能的器具摆放其中，人们得以在此修养憩息。生活，需择良"器"伴"居"，正是二者间的形影相随，为空间设计与古典家具艺术搭建起一方对话与沟通的平台。

积厚成器，木以载道。田家青能够"与木结缘"，可谓是先生的一大幸事。在当代艺术范畴中，论及中国古典家具技艺的传承与弘扬，田家青已然成为了无法避绕的功勋级人物。视"家具为纯粹之艺术品"的他，经三十余年的潜心研究，至今已在中国古代家具结构、制作工艺以及清代宫廷家具等方面取得颇深造诣。其倾注大量心血编著而成的《清代家具》一书，被业界视同清代家具研究的开山之作；而其"躬身操作"的"明韵"、"家青制器"系列家具作品，开创出古典家具现代化传承的创新路径。

跨界混搭，设计生活。邱德光，因独树一帜的美学语汇，已然成为享誉国际的 "新装饰主义大师"。空间设计中，他在古典与现代中自由穿梭，乐于将东方古韵融入西方美学，精确剪裁空间装饰艺术。是日，来自于古典家具与空间设计领域的两位"思想者"有幸对坐畅谈，共话时代更替下传统家具艺术的前行之道。

"国宝"

传统工艺因时代流转而愈加珍贵

邱德光：在台湾地区，您处于"国宝"级别。在目前少有人关注传统家具工艺的环境下，您能将其传承下来，极为难得。现代人多讲求速成，希望在短时间内把作品完成，获得利益，而您却将工艺尽善尽美，有机会让现代人享受到如此精妙的家具工艺。

对于设计中兴起的"混搭"之风，我更为注重不同艺术设计风格间的"和谐"，如何展现作品内在的韵味与大气的格调。一些设计称得上时尚、个性，但总会缺少几分"大气"之感。

——田家青

"龙韵施坦威"钢琴 by 田家青先生

田家青： "国宝" 称不上，我始终认为自己仅是 "木匠"。对于中国传统家具制作，因为是真心喜欢，所以真的用心去做。学习中国传统家具制作，它需要一个残酷的训练过程，正如学习京剧一般，师傅一般要靠打等严酷的方式来逼着你练习。而我，在没有被逼的情况下把自己累成这样，算得上是一种精神。

现在看来，这种精神状态却也很难与现代社会融合。曾经想过接收徒弟，但是用当时严酷的训练方式去衡量人才，现已无法找到中意人选。电影《霸王别姬》中，学戏的孩子在训练中已经痛苦到欲自杀的地步，对于 "木匠" 这一行，想学到顶尖级手艺，其难度绝不亚于此。但奇怪的是，如果不去经历如此过程，你可以做得很好，但绝对做不 "神"。

谈及工艺的传承，其难点在于它已无法适应现代社会的思维方式。例如传统紫檀木工艺，在当时只是为皇家所专享，然而随着这一阶层的消失，实际上它已经和现代社会需求之间出现一种断裂和冲突。中国传统家具的思想极其伟大，能够完全掌握与领悟，便会赋予你一种一往无前、无所不能的精神，令人终生受益。

在现代社会盛行的 "去精英化" 思潮影响下，原本难以完成的器物加工，已经被某些技艺所取代，加以简化，使得中国传统家具工艺中至关重要的精髓与灵魂已不再被需要。

传承

在与 "去精英化" 的对抗中找寻支点

邱德光： 日本对于木质建筑的传承，可圈可点。虽然其传统建筑由大量的木头和稻草作为材料，但至今依然保持完好，非常可贵。而大陆、台湾大量宝贵的传统建筑文化都已被摧毁，令人痛心。"文化是民族的根"，看到田老师依然传承、坚守着中国传统文化的精髓，难能可贵。

田家青： 中国传统建筑的伟大之处，就在其能够实现 "墙倒屋不塌"。当前，之所以有大量仿古建筑的存在，其原因仍在于受 "去精英化" 思维的影响。想要找到精通中国传统梁架的建筑师，其工艺成本极高，成为当下一个难以回避的现实矛盾。

邱德光："去精英化"是一种思维，但另一种看法也不应被忽略。好的木料与工艺，它代表一种独一无二的文化，需要被当成艺术品加以传承和肯定，作为一种艺术珍藏品被大众所诉求。例如，在台湾南部曾有一位拉胡琴的老人，他的逝去就是一件"国宝"的丧失。这种音乐虽然不被年轻人所喜爱，但是老人的逝去意味着这种音乐因无人传承而濒临消失。南管等传统乐器更是如此，从大陆传进台湾，最终面临无人传承的危险境地，令人感到惋惜。

田家青：我深有同感，但可惜商品大潮的袭来，终将使得一部分传统技艺难以为继。因为，"去精英化"的显著特征是追求人人平等。师傅王世襄曾说："人人都想过皇上的瘾。"但是，实际生活中已无此种可能性，也只能通过偷工减料的方法仿造出一种帝王奢华。

邱德光：正因为传统的工艺匠人，耗尽一生的时间与精力为皇室服务，才会有如此精妙绝伦的技艺产生。当今已无皇上可言，设计也只是营造一种相类似的生活场景而已，不必如此精致，价格更无须高昂，已然成为一种无法逆转的社会潮流。

但换一种角度讲，为"精英阶层"制作的消费品想要被提升至艺术的高度，难以脱离国家的支持以及媒体的宣传。如果成功营造出一种浓郁的艺术文化氛围，艺术便因此有了传承发扬的可能性。

尝试

传统工艺与现代生活的对接中另辟蹊径

田家青：实话实说，商业上的趋利性与工艺本质上的品质要求，差距甚远。学习这门手艺，需要前期为之付出大量心血，而长时间内也很难有满意的回报。

邱德光：付出大量心血却难以有回报，在于传统的家具工艺不再被普世大众所接受，这是社会主流价值观出了问题。

我认为，中国过去的20年中，实现了经济的飞速发展。但回望反思，过快的经济发展速度，让国民文化素养的提升和对历史的传承被忽略。中国传统家具的制作在文化范畴之内，而目前的传承现状，已不再值得国人为之骄傲。

当下，我们并不需要现代家具制作工艺与传统保持一致。正如我之前在设计中，通过在空间中摆设一些古典家具，从而与现代生活相对接，成为另一种意义上的传承。不过，在众多家具技艺中，传统工艺制成的家具极为可贵，值得引起政府与媒体的高度关注。

善假于物

"顺其天性而为之" 的东方哲学

田家青：按中国人的哲理思维，木头被看作是活的生物，这种看法有别于西方。西方人认为，木头只是被征服和改造的物质。因此，应对木头变形这一问题，西方人习惯用钉子，中国人就会用榫卯。抑或是西方人将其改造为三合板，但事实证明，这种做法终究还是难以阻挡它的变形。最后，实在无法可想，便将木头打成碎末，加入化学物质，做成氧化板等。

相反，中国人则会把木头看成一种具有生命力的灵物，并且将其视为地位平等的人。例如，中国工匠为形容紫檀木难于加工，会将其说成"紫檀木脾气大，不好伺候"，形象传神。当木器出现了一道裂缝，懂得木头习性的工匠会笑着回答："不用怕，过段时间它就长起来了。"

花梨八足劈料大禅墩（明韵一）by 田家青先生

邱德光: 中国传统家具工艺可谓是博大精深, 我们无须将木头磨碎, 却依然能够使其服帖, 如果能向西方人去展示, 将是极为了不起的一项技艺。而这是如何实现的呢?

田家青: 应对木头变形, 结构起关键作用。加工时, 其技艺和手法需要符合木材的"脾气", 随木头的变化, 给它留有散发的空间即可。

首先, 木头在生长过程中会产生一定的应力; 其次, 木头锯下来之后, 需要用刨子加工, 从而又产生了加工的应力; 第三, 随着温度、湿度的变化, 空气、水分进入木头之后又会产生一种力。如果能够将三个应力解决好了, 问题自然就能解决。

中国木匠的诞生至今已有二千余年的历史, 它的主导思想一直是随着木头而进行, 因此逐渐形成了对付它的一套办法。西方人, 之所以无法解决这一问题, 由其祖辈所形成的"征服"思维所决定。

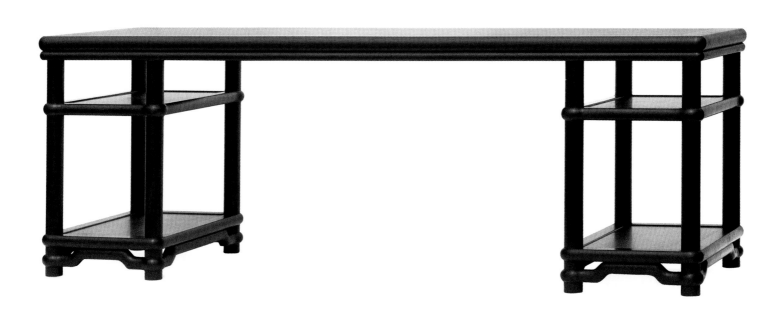

紫檀架几大画案 by 田家青先生

创作

"随性"中感受艺术无尽的乐趣与回报

田家青: 我在深入研究中国传统家具的过程中,能够深刻体会到其中的乐趣,也会从中寻到诸多回报。每一件作品,它本身代表着创作者自身的思想和精神。每当听到有人说自己几十年前的作品还依然完好如初,总会油然而生一种自豪与愉悦之感。反过来,这也成为促使我进一步努力钻研的力量,可把它当成一种回报。

邱德光: 艺术家的可贵之处在于,在"随性而为"中创造出足以影响其一生的艺术作品。艺术具有原创性,它允许设计师做天马行空的想象。然而不同的是,室内设计师则是在给定的框架中完成创意和设计。面对业主制造的"难题",虽然时常会彻夜难眠,但当新的"点子"在梦境中灵光乍现的一瞬间,便令我产生极大的成就感。

田家青: 在我看来,艺术的最高境界正是"无为",各行各业都是如此。但是,想要到达这一境界难度极大。其实,细细想来,我在家具制作过程中,也有过"随性而为"的经历。

之前,我有一根品质上佳的紫檀木,其体积之大堪比故宫太和殿内的清乾隆紫檀高浮雕九龙西番莲纹顶箱式大四件柜,其市场价值相当之高。我由于对音响极为感兴趣,便"反其道而行之",将其打造成音响架。对此,之所以深感自豪,在于我并未顾及所谓的经济利益,刻意去迎合他人,而是率真地"难得糊涂"一次。其实,在近年的家具设计过程中,逐渐觉察到整个社会的审美意识和艺术水准正在不断提升。对于一些设计,对方即使可能不太喜欢,但是创作者的艺术水准和设计理念却在不断得到肯定。

邱德光: 其实,对于艺术的认知和理解,社会普遍存在某种偏差,这是短时间内难以扭转的现实。田老师的作品,既然能够被中国嘉德、瀚海、美国索斯比、英国佳士等世界级拍卖公司争相追捧,这也意味着您的作品已经得到相当一部分人的认可和欢迎。

田家青: 我认为,每一件作品一定有其内在价值存在。中国人经常讲究绝对价值,这其中有合理的部分存在。但是,其中也有相当部分人具备了一定的审美品味,相信未来会向更好的方向发展。

求新

"制具尚用"，以设计提升价值

田家青：针对中国传统家具的发展走向，我首次提出：如果未来社会依旧以紫檀木、黄花梨这样珍贵的材料制作实木家具，将会是一种反动性行为。紫檀木、黄花梨，它应该是人类所共有的财富、资源，从人类文明意识进化层面而言，"占为己有"是停留在封建社会或是新民主主义初期的历史行为。在互联网时代，人类应该把木料看成更高一级的资源，不应该如此浪费。

之前，我一直在用普通木材、再生材料制作家具，因为它更加省时、省工、省料。从设计与造型上来说，它也一定能够与互联网时代相匹配。

邱德光：如果用相对便宜、普通的木料制作家具，其功法跟传统工艺相比，又会有哪些变化？

田家青：探索新型木料的制作工艺，同样需要符合材质自身的特性。其中，可以有机械化的工艺成分介入，但并非意味技艺的简化。当家具作为艺术鉴赏品的同时，其作为家具本身的使用价值需要被放大，因此必须有一套特殊的加工技艺与之相匹配。

我时常琢磨和思考，未来衡量艺术作品价值量的标准，应更多地关注家具产品所蕴含的时代精神以及作品自身的不可复制性。遵循这一观点，木料必须环保，设计技艺必须先进，关键之处仍在于作品所蕴含的思想和对人的关注。

关系

混搭中展现家具与空间的美学秩序

田家青：作设计，我时常感到彷徨。20年前，我曾经有过"和谐、统一"的家具、空间设计理念，也可将其称为"一揽子"。对此，我曾做过试验，在室内设计过程中，同时将灯光、饰物、家具纳入完全统一的标准中。

然而，随着理解和感悟的加深，渐渐发现真正的明代家具称得上是"百搭"。例如在海外，人们会把明代家具摆进不同风格的装饰空间内，但都会与整体环境显得非常和谐。明代家具的设计结构和思想，与当时的建筑设计一脉相承，但在西方收藏者的日常生活中，却也如此和谐，从此便深深动摇了我最初的"一揽子"思想。

对于设计中兴起的"混搭"之风，我更为注重不同艺术设计风格间的"和谐"，如何展现作品内在的韵味与大气的格调。一些设计称得上时尚、个性，但总会缺少几分"大气"之感。

邱德光： 在我看来，家具设计和空间设计还是存在一些落差。对于传统家具设计师而言，其强项是木器等相对固定的材料，需要对特定材质做到极致。然而，空间设计过程中，如果只摆放同一类型的家具，会显沉闷。按照严格统一的标准进行空间设计，它会与现代生活格格不入。

空间设计，在于将不同风格的家具摆放在一起，并且保证任何设计作品之间不相冲突。我常以这样的思想搭配空间，在原本全部摆放硬木家具的空间中，加入一些其他元素，将会产生意想不到的效果。因为我始终相信，不同艺术风格的DNA，能够相互契合。

王世襄 题

卢志荣 ✕ 邱德光

——跨界交流 对话设计

THE CONVERSATION

CHI WING LO ✕ T.K. CHU

INTERCULTURAL COMMUNICATION ON THE SUBJECT OF DESIGN

邱德光: 邱德光设计事务所主持人暨总设计师，被誉为新装饰主义大师，台湾设计界的领军人物。

卢志荣: 跨界设计师，其建筑设计、室内设计等作品遍布全世界各地，在家具设计方面也取得了卓著成果。在2013上海国际家具展Chi Wing Lo展上，两位著名设计师展开对话，从协同合作、设计细节、设计本质等方面进行探讨。

推广
协同合作

邱德光: 我们可以找一个案子一起合作，不过这样的案子不容易找到，因为国人比较喜欢奢华风格。最近做了一个还不错的案子——邱德光之家。开发商想以我的名字卖房子，我可以要求里面的家具以Chi Wing Lo为主，这样就可以推广你的产品；或者搭一点我自己的想法，把一些其他产品放进去，让空间更加丰富一些。

卢志荣: 我想这个主意不错，我很喜欢这样的设置，只是如果时间太短的话我们就没有办法搭配更多的产品。当然我希望这个世界能够跟家具以及其他的产品有更多的联系，所以如果有一个地方可以为家具留出更多地方的话，那么我们还可以一起讨论家具之外

PNOI by 卢志荣先生

PIGI by 卢志荣先生

的墙、绘画、艺术品、装饰品等，相信这些东西会有很大的作用。实际上Simon和我一起谈论过有关家具以及家具配件的想法，非常疯狂。

邱德光：有些设计师有思维盲点，他的设计产品太单一，所以当设计品摆出来之后效果并不好。可能看了一次之后觉着不错，喜欢的人也很多，可是要让普罗大众都喜欢的话，还需要有一些其他的装饰性元素，虽然装饰性的东西很难与家具配套，但是搭配好了之后就会产生不错的效果。因为我在中国大陆有一定的影响力，所以一些开发商也比较尊重我的看法，我应该能找到比较适合的项目来做。比如在苏州我的项目中有一个具有现代感的住宅，就可以用你的家具。具体怎么推广呢？我们可以合打两个双主牌，比如T.K. for Chi Wing Lo 或 Chi Wing Lo for T.K. 等，然后并列发表。这样我就把 Chi Wing Lo 带到我的样板间里，打造出属于我俩想要的东西，比如 Chi Wing Lo home for me by Chi Wing Lo。

我很喜欢你的设计，很多细节都做得很好，而且有中国文化在里面。我的设计也有中国文化，但是整体上说比较迎合市场，做得有点过了。我真正想做的并不是这样的设计，我还是希望能够慢慢回到内敛含蓄的状态，有一些文化的因素。我知道Chi Wing Lo一直都在做这样的事情，只是没有人去推广，因此很多人就不会了解。所以我们可以找个机会讨论一下这样的方向。

卢志荣：这将非常有意思。我就像是一个才来到这里一年的人，所有的事情对我而言都是非常新奇的，也非常具有开放性，就像是需要不断追逐的地平线一样。而且，如果我做的事情有一个专门的团队来负责的话，比如有人做地毯，有人做饰品，那么我就会轻松很多，但是整个系列都是我一个人在做，所以经常加班。而且，我的设计也在不断做着调整。比如一旦我对自己的系列需要加入一些想法，那么我就会加入进去，最后想法越来越多。我想，这就是所谓的东方精神吧，不会一刀切，但是会有更多的包容性。

邱德光：不仅东西很出彩，也做了不少的设计出来。其实你不必这么辛苦，很多东西不一定要全部用Chi Wing Lo的东西，只要找对东西能够搭配就好了。你提出主题，如何与空间结合就是我的事情。当然，如果全部摆Chi Wing Lo的东西，就显得有点单一，如何让空间平衡且充满趣味，就是一个比较有意思的话题。Chi Wing Lo的每个作品都是艺术，如果摆对地方的话，就会有非常好的效果。你的东西很内敛、不张杨，也有很多细节，重点是你要推广出去，不管是工艺度和细节，都要推广，要通过事件发布出去。

细节
内敛奢华

邱德光: 我喜欢你的家具起码是20年前的事情了。你的东西价格并不便宜，因为讲究细节，有消费者感受不出来细节。细节，就是内敛的奢华。你的椅子把中国的细节都表现了出来，不管是形体，还是意境。我想问一个问题，你怎么跟制作家具的人传达你的细节？你们怎么沟通的？

卢志荣: 我给他图纸，他们负责做，我负责改，天天改，到现在我还有改的；或者他们给我一个模型，我用砂纸慢慢磨，因为有些东西是图纸画不出来的，变成另外一种形式再发给他们，就像是做雕塑品一样。

邱德光: 这就像是在做艺术品，没有商业的考量，不关心赚钱不赚钱，问题是工厂也要向 Chi Wing Lo 要钱啊，工厂方面会困扰，说为什么花这么多时间做这些家具却不赚钱，他们愿意这样做吗？

卢志荣: 我是很开心，但是他们不开心。

精神
设计本质

邱德光: 你对中国目前的处境，或者家具设计与中国文化的连接，有什么样的感受？

卢志荣: 我想当代中国的家具设计和生活之间，是有点隔离的，因为目前总体上中国的设计还是根植于西方，却没有弄明白我们自己的文化，相反，另外一些人对于中国传统文化则太过推崇，甚至还停留在明朝文化的层面而不能摆脱传统桎梏。前者很西方，跟中国没有什么关系，后者则只有形，而没有神。

邱德光: 你用什么去把中国文化用在你的设计上？
卢志荣: 秘密。

Bedroom Setting by 卢志荣先生

SIMA & WASI Chaise longue by 卢志荣先生

邱德光: 最高机密。

卢志荣: 我想最重要的是抓住精神吧。就像在中国北京的很多高楼大厦上建有中国式的屋顶，因为他们觉着这才是中国的文化。太粗重，太简单了。

邱德光: 很多人害怕别人不知道他要表现中国元素，所以用一种很强烈的方式进行表现，这是错误的。我们活在当下的中国，不能把古人的东西照抄照搬。它们可以被当作古董来欣赏，但是不能成为你生活的一部分。

卢智荣: 如果不能看见不能触摸，就很难感受其中的精神。我对于中国人的性格考虑很少，在我的印象中，他们很谦虚，很安静，总是退居幕后，我也想我的家具也是那样的。

邱德光: 你说的是活在古典（传统）中国里的人，但是现在的中国人跟古典（传统）的中国人是不一样的。现在的中国人已经把中国的历史割裂开来，比较躁进、浮念，不讲究细节，也不关心精神。

卢志荣: 也许他们没有时间来关心，因为时间就是金钱。

邱德光: 归根到底，我们应该回归到精神层面来设计中国，而不是表相式的中国。而且，我觉着你的设计并不是把传统意象重新设计（re-design），而是把传统的精神发扬出来。

卢志荣: 我是想反映我的现在、我的特质，但是我想让大家将我和家具一起看待，我的生命有限，但是家具却会永存。

邱德光: 是的，因为每一个家具，都是杰作，都是艺术。

卢志荣: 在过去的几十年间，中国的经济得到飞速发展，因此对于时间的概念也变得不同，大家都觉着"时间就是金钱"，因此一味地求新、求快。在欧洲，即使是在美国，他们的发展也需要经历上百年的时间，而中国人却想着在几十年的时间就超越所有的人。发展是需要一步一步来的，就像是做木制品一样，我在中国进行了6年的建筑设计实践，看过了不少让我非常喜欢的木制品。

邱德光: 中国人都想着我要发展, 我要快速达到目的, 所以比较注重金钱上的考量。其实中国不是只有这几十年的历史, 而是五千年的历史, 只不过前面的那段历史被割裂开来。不过现在很多人也在开始反省自己, 只是这个思想转化过程比较缓慢, 也毫无章法, 比如直接把传统文化的东西照搬过来而不加消化, 最后只能得到形式上的东西而缺乏精神层面的东西, 而精神层面才是中国最重要的文化资产, Chi wing Lo就做到了这一点, 因为很内敛, 也有很多细节性的东西。Chi wing Lo的思想不代表唯一的中国文化, 但是至少它能够把中国的文化从形象的层面提升至精神层面。这里面有很多的东西可以开发, 比如如何才能把中国传统文化跟当今时代接轨, 当然不是表象的接轨, 而是把中国文化的精神带进来, 变成有意境的事物。

卢志荣: 非常同意。

邱德光: 你是一个艺术家, 而我是设计师。我能够感受到, 因为中国正处于经济飞速发展的时期, 所以大家缺乏应有的信仰, 没有发展概念, 也不考虑未来。但是我们必须冷静反省, 只有中国的历史文化才真正是中国的根, 只有将它们与当代的生活习惯和思想行为相结合, 才能呈现出旺盛的生命力。 我希望我们从设计的角度出发, 一起朝着这个方向努力。

ONAR by 卢志荣先生

杨柏林 ☆ 邱德光
——当设计师碰上艺术家

THE CONVERSATION

YANG BOLIN ☆ T.K. CHU

WHEN A DESIGNER MEETS AN ARTIST

与设计师邱德光合作最多的艺术家, 莫过于"雕塑诗人"杨柏林, 杨柏林创作的艺术品在邱德光的作品中扮演了重要角色, 要了解邱德光的作品, 艺术品是重要的一环, 彼此间最有默契、也是知交的两人, 谈起设计师与艺术家的关系与合作, 碰撞出许多火花, 从对艺术创作的理念、对空间陈设的使命与责任感, 到对华人空间美学环境的期许, 无所不谈。

问: 谈谈你们相识的过程?

邱德光: 我们非常有默契, 合作30年了, 不到20岁时认识到现在, 那时杨柏林是我在画室学画的助教, 我们的职业也都不曾变过, 他一直是艺术家, 我一直是设计师。

杨柏林: 我的第一个公共艺术是邱德光把我带进去的, 他是我的贵人。邱德光是我欣赏的设计师, 他非常有才气, 有天生的美学完整度, 也对市场的敏锐度特别强。

问: 请问当设计师碰上艺术家, 彼此如何分工?

邱德光: 艺术家是天马行空, 比较感性; 设计师比较理性, 他会考虑空间里的尺度、风格、造型等问题, 当设计师碰上艺术家, 就有许多火花碰撞出来, 可以是对立, 也可以是相辅相成, 我和杨柏林就是相辅相成。

设计师需要艺术家的创作, 帮空间加分, 艺术品是独一无二的, 让空间与众不同。艺术家

希望的所在 by 杨柏林先生

星河皇后 by 杨柏林先生 @ 上海闵行星河湾花园酒店

也需要舞台，艺术品在空间中摆得好不好，艺术家无法判断，设计师要判断，摆不好就是糟蹋了艺术家的作品。

杨柏林：邱德光掌握的是空间里的秘密武器，关于美的尺度，他掌握得好。艺术家在空间中重视的是自己的作品，而邱德光注重的是整体的效果，空间比例和艺术比例，他会设定好他要的艺术品的故事性、场域里符合的文化特性，他会给我一些故事，我喜欢挑战性，他让我去发挥不同的作品，最后他来选择他要的。

在我自己的案子里，我当主角，在邱德光的案子里，他安排好我的角色，我就扮演好自己的角色，邱德光很清楚艺术和商业之间微妙的距离和关系，他不容许我的感性太嚣张，不会让跳出他掌握的美学空间氛围。

问：请问关于故事性，是邱德光先生先写好脚本吗？

杨柏林：邱德光把故事性丢给我，没有一定的脚本，我们的合作是一种"化学变化"，他会有一个方向，但他不会跟我说："杨柏林你要这样做"，这样就不好玩了，一个作品在空间里，它除了美的逻辑性，还有创造力在里面，作为一种灵动。

邱德光：我不能告诉他一定要怎么做，那他就不是艺术家，而是工匠了，我清楚艺术家和工匠的分别。我要原创，找杨柏林在空间里为我做原创，但形体颜色要和空间搭配，这样艺术品才会完美。

问：像邱德光先生这样和艺术家合作的设计师在两岸地区多吗？艺术品在建案中是怎么运作的？

邱德光：关于艺术的部分，很多案子都是业主自己来，和艺术家合作的设计师大概只有我，很多设计师不敢碰，用错了被退件怎么办？

谁来决定买一件艺术作品或怎么摆一件艺术品，这个角色应该是谁？我认为是空间设计师，不是业者，也不是艺术家。

杨柏林：由设计师来主导艺术品的位置和形式较好，业主会有他的偏好，不一定适当，艺术家也是，设计师介于中间，作用就出来了。

邱德光：这也不能怪任何人，设计师本身的专业、艺术感受度还没到达那个境界，设计师只设计空间，关于空间和艺术品、家具的关系，他有时没法掌握，不敢去碰，失败了怎么办？艺术品、家具采购后不能退件，许多设计师不敢承担这个责任，交给业者或艺术顾问，在专业性缺乏的情况下，很容易失败。

问：可以谈谈对目前华人美学空间的想法吗？

邱德光：以台北的公共艺术为例，很少有出色的作品，艺术品突兀无法融合，或空间尺寸不对，无法让艺术品彰显特色，因为主事者没有空间概念，艺术家也没有，两者都不是空间的专业人员，所以结果都令人失望。照理讲，空间设计师应该比较清楚与敏感，但实际上也不是所有空间设计师都能掌握，但如果他们不敏感，谁能敏感呢？

艺术顾问对空间驾驭得不好，就说不出来为什么要这样摆、搭配，若只是满足业主的需求，就永远疲于奔命，很多做陈设、软装的人真的是很辛苦，必须要懂很多观念，要懂得艺术史、风格史、环境与空间的关系等具体素养。

很多观念都被体制把持住，跳脱不出新的思维，我们就是用我们的作品现身说法，告诉大家其实你可以这样做。台湾提倡文创到处比赛得奖。我更关心得奖之后的产业，虽然讲商业行为太世脍，但没有商业行为就没有未来，要跟生活产生连结，消费者才会买单，不然就是少数收藏家在炒作，不是全民美学共享。

问：谈谈邱德光先生与杨柏林先生合作的实际案例？

邱德光：在我近来最重要的作品上海闵行星河湾花园酒店、苏州仁恒·棠北天涟墅中，杨柏林的作品扮演的角色非常重要，一眼就看到他的作品，在上海闵行星河湾花园酒店，他的作品和空间、配饰形成对话，包括和花一般的水晶灯、后面背景的画作、两尊门神般的雕像等。在苏州仁恒·棠北天涟墅的案子中，有杨柏林的艺术品，有水、有禅意，形成一种沟通的对话。

繁星不减 by 杨柏林先生

果实山水 by 杨柏林先生

真言互动 by 杨柏林先生 @ 陈设中国概念展

杨柏林: 以在苏州仁恒 · 棠北天涟墅的 "水上佛陀" 的雕像为例, 我做了8次, 镀钛不锈钢难度高, 而且邱德光很挑剔, 为了好看, 选择具有神秘感的黑色, 尺寸、颜色都要达到邱德光的标准, 有一次几乎完美, 但鼻子有道白线, 还是重做, 最后成品黑到很有饱和度。

问: 邱德光先生也很有艺术家追求完美的精神?

杨柏林: 邱德光也很像艺术家, 他有对美的坚持, 邱德光做一种跨界的整合, 他比策展人准确, 因为策展人也不懂空间, 他们找艺术家, 常以自己的喜欢为标准, 邱德光不同, 他会以不同的空间定位, 去找适合的元素, 形成一首交响乐, 他就像指挥家, 我的作品可能是其中的一段独奏。

邱德光: 若没有很强的意志力没法做, 有时候我半夜会惊醒: 这样摆好吗? 因为我们没有退路。

问: 谈谈邱德光先生从过去到现在的心路历程?

邱德光: 我从做建筑转到室内设计, 很多风格都做过, 不曾摆错艺术品而被换掉过, 做整合艺术, 我们工作室是唯一, 也是做这种整合艺术经验最丰富者, 这些学校里都没教, 都是靠自己摸索, 除了天分, 还要经验, 不是一天两天可以达成的。

我第一次整合最多艺术品是在信义之星, 原来他们想找艺术顾问, 我就跟他们说那就别找我, 因为许多艺术顾问是不管效果的, 只把手边的艺术家、库存推销出去, 而我是以客观角度来看。

杨柏林: 我在信义之星喷水池做的景观雕塑, 也是空前绝后, 以镍打造, 我坚持要喷水, 本来他们不要, 15米的雕塑加上喷水30米, 张力就出来了。

问: 谈谈对整合艺术品、经营空间美学的关键?

邱德光: 我想做的是让原来各自为政的艺术品, 组合起来形成另一种空间形态的艺术, 让空间加分, 家具不再只是家具、艺术品不再只是艺术品, 形成综合性的艺术。

空间里的事物，不只有艺术品，还有家具、人等，相辅相成，共同形成一个社会，有可能这次是以艺术品为主角，下次是以家具为主角，若以艺术品为主角，分量一定更强，若无法协调，空间就完了。

或许我觉得这个艺术品很棒、独一无二，但我不一定会用它，因为它而让其他东西都被淹没掉，这是不对的，要以空间是否和谐为判断，让彼此对话。

杨柏林：邱德光在做的已经很接近装置艺术了，设计师不只做空间设计，陈设一次到位商品处理得好，也可以是装置艺术。

邱德光：在苏州仁恒的案子，杨柏林的雕塑和我设计的功夫椅摆在一起，就是一种装置艺术，一个讲内在，一个讲外在。

国王与皇后 by 杨柏林先生 @ 上海闵行星河湾花园酒店

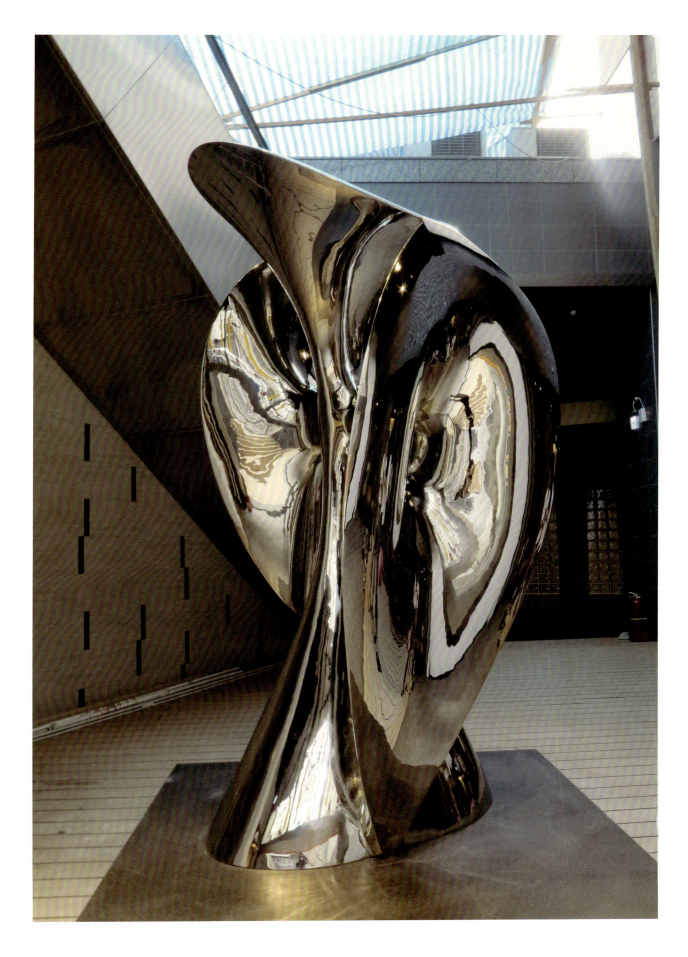

恩典 by 杨柏林先生

新装饰主义[+]

文化
新东方精神

CULTURE

NEW

ORIENTAL

SPIRIT

一直致力于中国陶瓷研究的英国学者罗斯·克尔（Rose Kerr），曾在其著作《中国清代瓷器》中毫不吝啬地赞扬道："中国在印刷、制瓷与运输等方面，领先于世界，那时，西方民族降服于中国傲慢的裙裾之下。"几个世纪后，当世界舞台重新布置后，曾经风靡欧洲的东方美学再次登台，只是这一次，她带着与时代同伐同步的强大气场，成为炙手可热的大角儿。

从暗香浮动到平分秋色

从太阳王路易十四的特里亚农瓷宫，到奥地利皇宫内的中国瓷器厅，古代西方皇室贵族对漂洋过海的青花瓷情有独钟，对那一笔风情和水墨的钟爱到了近似痴迷的程度，而这一时期也恰恰是欧洲巴洛克艺术与中国瓷文化的鼎盛时期。在豪华富丽的欧式皇宫里，清雅秀丽的中国瓷器被奉作艺术佳品，并非是荤素搭配的陪衬，而是东西方审美共鸣的结果。二者同样作为奢华的代名词，在相同时代不同地域发挥着艺术设计的相同作用，在历史的平行发展中交汇，留下浓墨重彩的一笔。而在今天，两种美学表现形式再次相遇，在设计师邱德光的作品中，两种美学元素结合的痕迹依稀有迹可循，并且在设计师的重新解读下焕发与时代同拍的光彩。

在邱德光的"新东方主义"设计理念中，东方图腾的流动线条与西方巴洛克的巍峨壮丽相容兼具，一方面是中国传统元素的现代改良，古典巴洛克符号的现代演绎，另一方面是东西文化的撞击与多种风格的混搭，为东方图腾添注西方音符，将西方文化融入东方风情，通过现代科技的辅助，以塑型新的东方内涵，以及带有中国灵韵的"新巴洛克"。

在邱德光的设计作品中，不论是壮丽的巴洛克式穹顶与古朴的水墨丹青相结合，还是繁复的哥特式旋梯与线条简约的博古架相碰撞，这种浑然不觉毫无突兀的大胆运用与创新，都是以国人的审美为大美作为设计的基础，以国际审美广角做背景，对历史、人文的探究后，将东西方艺术特点与文化相互融合，构建国际视野下的新东方意象，展现东方人的国际审

郎世宁《百骏图》局部。

东方图腾与现代握手，才有可能走得更远。

香港佳得2013年春拍，元 青花缠枝牡丹凤穿花梅瓶。

美情趣, 亦是东西古今文化互通后的国际化提升, 并且这种富有东方意蕴的现代之美, 正逐渐成为家居装饰中的主流审美对象, "中国潮"正席卷而来。

记录当下的有声默片

如果说, "新装饰艺术"是设计的时间性, 设计对人的生活状态以及态度的表达, "新巴洛克主义"是设计的宜人性, 设计对生活品质的展现的话, 那么"新东方主义"则是设计的审美意识的提升与创新, 印证现代审美进步, 以及设计对当代生活内涵的写照。视觉大师叶锦添在谈及他的"新东方主义"时曾说, 东方美学的独特之处在于其具有灵魂, 这是其他美学不可企及之处。而邱德光在其作品中对东方美学的偏好与发挥, 理解与认同, 让人们感受到两位大师对东方审美见地的不谋而合。与此同时, 在邱德光的作品中, 不难发现一位东方设计师的良苦用心, 东西元素与风格的运用, 像一位舞台旁白一样在讲述一个完整而富诗意的故事, 用一个线条一抹色彩一件摆饰, 来讲述有关空间主人的思想情感, 用丰富的元素勾勒出主人的精神世界, 每一点每一笔, 都是主人的心灵之音, 亦是其对待世界的情性与胸怀。如果说装饰是观察居住者性格的切入口, 空间设计是介绍主人身份的名片, 那么将镜头拉开, 透过空镜观看空间整体效果的最后呈现, 则是欣赏居住者的个人修为和其对生活意境的解读。这其中既有中国式一贯的风雅与设计的形神意格, 也有现代方式的沟通与交流以及对他人之眼观世界的包容。"水唯善下方成海, 山不矜高自极天", 气质与内涵的彰显, 往往不在自我矜夸之中, 而在这种低调的奢华与内敛的张扬。

古典巴洛克鼎盛时, 意大利传教士郎世宁将巴洛克绘画中的阴影法, 与中国传统绘画手法相结合, 形成了一种新的"中西合璧"的艺术风格, 创造了新的院体画, 使中国画风有了向前的进步发展。在现代国际文化频繁交流中, 越来越多的设计师通过不断的探索与尝试, 在努力将中国设计升华到"国际的中国, 国际的东方"。如今, 邱德光又在新装饰主义的基础上, 提出"新装饰主义+"的设计概念, 为他的设计注入新的内涵, 为当代设计字典添入更多的设计语汇与释义, 不仅是对设计的更深层探索的追求, 对审美与生活、与社会、与环境的更进一步的对话, 对他所关心的当代人的生活内涵与精神的深层沟通, 也是对当代东方与世界的交流与回应, 以及对自我文化价值的肯定与突破。

如果镜头无声, 设计便是语言, 表达一切真实的灵魂与声音。

当时 · 当代

古典, 可以说是一段历史, 也可以说是一段时光, 更可以说是一种性格, 贯穿于时间轴的始终, 在时间经过之处留下痕迹, 成为代表一个地域或民族的风格, 某种审美形式的标签, 一种文化图腾。这些各具地域色彩的文化图腾一直被传承, 被使用, 不断记录历史, 表述当时。

在东方文化中, 中国文化占据着半壁江山, 可以说是东方设计的主要组成, 也是中国设计的特色与亮点, 一直影响着中国设计的表现形式, 也一直贯穿于有着东方情结的设计师的作品之中。装饰, 向来都是空间设计中锦上添花的点睛之笔, 也是过去生活的缩影, 今时今日的影射。诗人奥登曾说: "我的诗歌是随着时间而改变的, 并不随着地点的改变而改变。"而作为设计师的邱德光, 也曾有过类似的创作表达: "我只关注当下, 室内设计应该活在当下。"文学与艺术总是互通的, 设计, 作为理性的艺术表现, 运用的传统元素同样在经历时间的变更, 这一点, 在邱德光的作品中尤为突出。浓厚的东方情结, 似曾相识的东方气息, 在他的作品中分外强烈。虽然是雕梁画栋的刻镂, 绿牒朱字的清雅, 行云流水的线条, 浓墨重彩的雍容, 但褪去了古板和凝重, 多了现代人的活动身影和音画, 轻松活泼又不失端庄。在关注当下, 强调"即时即景"的邱德光看来, 生活空间中传统装饰的运用, 既要有自我属性的风格来概括, 又需要现代元素的参与, 如此才能如实反映现代人在当下的生活状态, 真实记录当下人对生活的态度与对世界的看法。传统是历史的缩影, 现代则是当代的写照。东方图腾与现代握手, 才有可能走得更远。

诗人奥登曾说: "我的诗歌是随着时间而改变的, 并不随着地点的改变而改变。"而作为设计师的邱德光, 也曾有过类似的创作表达: "我只关注当下, 室内设计应该活在当下。"

邱德光说："以往的室内设计总是不敢大胆地包容流行的元素，然而，在我看来，设计师应该尽量理解消费者、理解流行，才能让设计与生活相接触。"

————————————————

时尚
开放性的混搭

FASHION

A FUSION OF OPENNESS

"时尚"是个诱人的词汇,遍布生活各个方面,却常常定义模糊、变幻不定;以"时尚"为旗帜的事物层出不穷,多如过江之鲫,却很难被分门别类,甚至经常分不清真伪时尚;我们努力探索时尚的规律与奥秘,却发现没有什么清规戒律可以左右时尚的车轮碾过时代前沿。当全球化、数字化的生活已经成为常态,当跨领域、跨界早已深入时尚圈内外,设计的时尚,自然指向更开放、包容、动态、交流的一面:从简单到复杂、从外在到内在、从有形到无形、从物质到精神……时尚不应只是外壳,它是时代的灵魂。

时尚的循环

当时尚摆渡在时间的长河上,它或可涌上潮头浪尖,成为备受推崇的潮流,或可化为不朽的传奇,俨如浪涛中的定海神针,竖立起自我经典的内涵。作为时尚最重要的指征,时间给时尚定位坐标,也预示着它循环的本意。

这是一场真正的轮回,时代的变迁,把时间的烙印加载于时尚,使时尚的结果永远横亘在经典与潮流中间。终究,时尚是否能逃脱自我的二律背反,就像它刚产生的时候,可以绝对另类,绝对吸引眼球,但是否很快被人追随,又被潮流所淹没?毕竟,潮流以其新鲜博人欢喜,经典却以其品质长存不息。有时,潮流叛逆着经典,以证明自己的存在,而经典会抵制潮流,以维护尊严。而有时,经典和潮流关系和谐。大浪淘沙,一些潮流晋升为经典,踏入永不落幕的舞台,比如 GUCCI、No.5 香水和甲壳虫,而一些经典则始终主宰时尚,把握着美感、艺术、品味、品质的和谐统一。

时尚循环、轮回、生生不息的原因，在于它不只包容了历史，更包容了当下。当那些永不过时的经典，为我们带来愉悦、优雅、纯粹的享受时，那些新颖、潮流、前卫的元素，则使我们洞悉时代，把握生活。作为深谙经典与潮流关系的设计师，邱德光从不忌讳以时尚来定义自己的设计，而这对于一位以豪宅设计为主业的设计师，实属不易。因为惯常的理解，总是把豪宅视为经典的延续，不容所谓旁门左道的流行元素撼动其正统地位。而邱德光却说："以往的室内设计总是不敢大胆地包容流行的元素，然而，在我看来，设计师应该尽量理解消费者、理解流行，才能让设计与生活相接触。"的确，豪宅不应该脱离生活而

邱德光从不忌讳以时尚来定义自己的设计

北京财富公馆实景 照片提供：VOGUE中国

杭州桃花源·中一墅

存在，尽管对它的设计需要更宏大的空间气场铺垫，需要更厚重延绵的历史人文内涵，但那些传统与经典毕竟已不在当下，只有把当下的时尚融入豪宅的生活气息中，才能在交错的时空中找到崭新的情调，突破古典式的拘谨与保守。

动态的跨界

时尚是千面的，它的发展很难受约束，却绝对需要与众不同。当高贵的设计依然在捍卫时尚卓尔不群的地位时，时尚却总在试图冲破牢笼，开始了一场又一场的平民化革命。殊不知，上世纪 60 年代的长头发、头饰圈、牛仔裤、背心均曾以反时尚、反主流的面目出现，而后却曾为大众流行的时尚。当世界日益成为一个共同的市场，意味着我们的产品和生活方式需要适应越来越多元化的需求。能够让全球共享、满足共同需求的设计，引导了跨界的产生。在技术、工艺、材料、信息高速发展的当下，跨界拓展了时尚的疆域。

今日时尚界似乎已不再需要什么清规戒律，跨界的原意是来自不同领域的合作，如今，它则蔓延到了更广义的范围，代表一种生活态度和审美方式的融合。跨界能让原本毫不相干的元素相互渗透融会，也促使时尚往立体感与纵深感拔高。设计师不再拘泥于单一的设计范围，而是用他们天马行空的思维游弋于各种领域，创造出无限的可能性。因此，动态的跨界，不仅是设计的本性使然，更是时尚最重要的推动力，它最大程度地显现了后工业时代的融创性。

时尚对跨界的需要，就像设计师对灵感的需要。邱德光说："当今的流行，是最复杂元

未来，住宅就是艺廊。

————————————

素与最简单元素之间的对撞，如香奈尔今年的时装，线条的曼妙变化会令人爱不释手。然而，我不会跟着流行走，而是会去观察、理解流行的元素。时装杂志、时装展、MTV、音乐、绘画都能为我带来当前的时尚资讯，萌发我的灵感与创意。" 显然，通过跨界交融，邱德光让设计做到了包容万象。他的设计总是融合着各个领域、各种流派的精华：从平面构图到动态影像，从服饰美学到材料创新、从高级定制到数字科技……他用动态的跨界为我们创造出一种独特的氛围，浑然一体地表现出审美与时尚的穿越。

东西的交汇

阿玛尼曾说："时尚就是一次又一次地翻新古老，而不变的唯有'优雅'"。诚然，如果纯粹以新颖博得眼球，时尚的力量是单薄的。把握真时尚，拒绝伪时尚，重要的，是承认时尚本身内在的传统血脉。

以豪宅设计见长的邱德光，从最初的新装饰主义到后来的新巴洛克、新东方主义，整理其脉络，无不发现其中东西交汇、彼此取长、相互折中的态度。在最初创造新装饰主义时，他就认为：奢华繁复古典装饰艺术与自由简单的都市精神相违，而单调机械的包豪斯风格也不适合东方人的审美情趣——Art Deco 则是折中后的智慧，它聪明地让异族文明相容，横生出线性、环形和流线型的细腻。

新装饰主义的大获成功，昭示了邱德光在驾驭西方艺术与东方文明上的游刃有余。而他并没有停步于此。他知道，设计永远不是单纯制造一个空间和一种风格。很快，新巴洛克、新东方主义……一个个透射传统灵魂与时尚真趣的代名词经由独特的设计语汇被开创出来。他以精湛的手法剔除了装饰中繁复空洞的一面，而保留下东西方社会数百年的时尚潮流与人文智慧，再配以国际化的现代设计理念，最终形成设计中浓郁的人文气息。

作为崇尚自然与气质的设计师，邱德光始终认为：正是在对不同文化、不同背景、不同审美的综述之中，设计才得以形成对生活最温暖的关照。有了传统文化与地域文明的滋养，邱德光做出了真正以生活内涵为主旨的设计，其中不仅有时代潮流驻足的痕迹，更带有人文的温度与文化的隽永气质。

塑造大生活空间

香奈尔说："时装是一种商业行为，而不是艺术，我们的工作不靠天赋，我们只是供应商。我们把裙子挂在衣架上不是为了展示，而是为了出售。如果有人仿制我的裙子款式那就最好不过了，创意就是为了传播。"香奈尔的服饰，见证了时尚所向披靡的扩张性，由审美飞跃扩展到意识革命，继而引起生活方式的变革，这是时尚可以带来的真正影响力。

最能影响日常起居与行为的室内设计，更是生活方式与生活时尚变革的集中地。也因此，与其说邱德光先生提出了一个个时尚的风格潮流，不如说他发展了当代的东方都会美学与 21 世纪时尚多元的生活形态。从他一个个鲜活生动的设计案例可见，他的设计既非可以在象牙塔中被供奉的经典，也非纯粹不接地气的理想追求，或者完全市场导向的商业行为，而是更多可以参与到当前的社会潮流，让空间的目的始终指向审美主体，使装饰成为个人品味化、艺术化、人文化的表现。

从生活本身发掘灵感，使设计与社会环境充分结合，是防止时尚符号化、视觉堆砌化、内涵简单化的重要途径。邱德光说："我们应该围绕人的存在来做设计，考虑业主的仪态、谈吐、甚至是偏好的穿着跟空间是否和谐，这整个是一体的。精神必须建立在人文、历史，包括当下的社会氛围中。"他在设计时，不仅注意物件与物件的对话，也包括每个物件与人，都处在一个恰到好处，层次分明的关系中。

正是在这种对情感的悉心关注，对大生活空间的尽心塑造中，邱德光将其充满交融特色的时尚风潮，演绎为一次次真切的碰撞：经典与潮流、传统与现代、东方与西方、物质与精神……在继续向前探索时尚的前路上，他知道，时尚永远不会简单地符号化、模式化，唯有背后的思想深意，才能填充生活无限丰富的内涵。

设计师可可·香奈尔站在一个螺旋楼梯上，看她自己的作品秀上，和她在一起的观众包括两个买家来自Lord and Taylor的Barnhard先生和皮尔斯小姐。

生活
当代生活形态

LIFE

CONTEMPORARY LIFESTYLE

设计需要创新的理念，更需要实现的途径。在某种意义上，设计不是一个美学问题，而是一种有效的媒介，这种媒介不仅帮助实现更和谐完美的家居梦想，也引导生活方式的变革与进步。今日的室内设计早已不再满足于简单的时尚追逐，它更需要开拓者的首创精神，在交错的时空中找到崭新的情调，引领当代生活的形态。

主流消费观的变迁

当财富积累到一定数额，对品位的追求开始升级，喝速溶咖啡的早期创业结束，取而代之的，是对生活方式的进一步探索。一些人选择回归传统，喜欢收藏与赏鉴各类艺术品，包括名酒、雪茄等奢侈品；一些人选择站在潮流科技之端，把玩起先锋音响、高级汽车、游艇乃至直升机；也有的人与自然相约，在高尔夫场、跑马场上放下身心之疲。

实际上，相对于消费观，审美观的变迁更显缓慢。相比起西方有迹可循的设计发展，中国近现代设计存在至少一百多年的断代。喜马拉雅美术馆创始馆长沈其斌曾指出：尽管中国艺术品总成交额已超 2000 亿元，现当代书画所占的比重却不到 10%，中国很多藏家的审美趣味还停留在"农耕时代"。显然，很多中国人依然停留在追求"贵气、饱满、高端大气上档次"等传统的审美价值上，主流社会仍受农耕社会残留的财富观影响。相比之下，更为年轻的受众则从小在信息开放的环境中接受教育，这让他们更乐于接受新鲜事物，也具有更国际化的偏好。

审美的发展虽有断代,但经济的快速发展,依然让越来越多的高雅艺术品进入到私人的地界,成为生活的一部分。这一点,早已为深谙中国室内发展潮流的邱德光所认识,他说:"当代富人对艺术重视的程度是我所不曾见过的,在富人生活中,它将逐渐成为身份地位与个人品味的表征"。正是凭借这一前瞻性的预见,邱德光在很多住宅设计中,均以"艺廊"的概念来表现。他设计的家,就像一个艺廊。他甚至大胆预言:未来,住宅就是艺廊。

"我以大胆崭新的手法运用艺术品,让艺术不只是空间的配角,为的是更进一步凝聚空间的灵魂与生命,因为艺术是未来的生活趋势。"邱德光说。他和众多艺术家合作,例如台湾的现当代艺术家黄铭哲、李锡奇、杨柏林等。台湾信义之星,黄铭哲所创作的大尺幅装置艺术作品,让当代艺术与 Art Deco 的设计风格,达成冲突性的完美平衡,展现出设计的气度与力道,为顶级住宅带来艺术与隽永。

功能诉求的丰富面向

信息社会的发展,使各种外来文化变得不再陌生,人们在接受多元文化的同时,也对空间生活的形态产生出更多元的诉求:从统一到个性,从舶来到本土,从形式到精神……显然,当代生活形态,需要一种更新、更广阔的文化视野参与到设计之中。

与此同时,经过房地产多年的蓬勃发展,逐渐成熟的住宅消费意识已经使如今的物业类型更为细化,越来越多的都市新贵加入豪宅消费,城市公寓、Mini 豪宅热度大增,这也在另一种层面上促进了设计思潮的多元化与生活方式的个性化。如何让豪宅的设计突破经典品味的束缚,使文化、时尚、艺术、生活以更加大胆、新奇、贴近生活的方式融入豪宅设计之中?对于这些问题新装饰主义大师邱德光的作品属于具有说服力的一类。他向来认为,空间设计是一种生活的设计,应该和社会环境互相结合。他说:"我一直从生活里发掘灵感,丰富其各种面向。设计应该不是束之高阁、摆在学院里被供奉的,也不是像艺术家一样可以纯粹地追求理想,不管市场与社会的反应与接受度如何,它应该与社会、环境和人产生对话。"

台北 信义之星手绘

家是承载生活最好的容器。显然，一所豪宅不应只是面积与材料的堆砌，把精神享受移入家中，兴趣与爱好就能被固定乃至得到深化，从而让生活态度折射在居所之中。为此，邱德光倡导"感性设计"，他甚至力争在每个设计案中，都务求让一幅画、一张地毯、一件摆饰，都能说出一个故事，成为设计的关键所在。他说："在这个以感官主导、体验经济的新时代，人们对于空间开始诉诸更多无形、感性的部分，感性设计是这股趋势的出口，也是我理想中的新装饰主义美学的终极精神。"

尊重自然哲学

当前的工业化之路始终面临一个个悖论：发展与能源、工业与自然、城市与乡村……在这其中，设计好似一个钟摆，是指向尽情满足人对物的欲望，还是转向人与环境的协调适应，成了钟摆背后每个设计师需要考量的问题。

比起喧嚣出位的设计，邱德光更愿意选择自然哲学。他相信，对于崇尚天人合一、贵和尚中的中国人，生活与审美的终极，是一种大美至简、大道深远的意境。就像中国古代文人居士的雅致生活，离不开琴棋书画，现代嘈杂的社会环境，也让更多人向往沉淀下来，品味悠闲雅致的生活。

顺应自然生活的居室，不在于符号的华丽，更多的是气质的融通。在文化韵味浓郁的空间中，生活会增添儒雅和隽永，从容和灵性。在 Naga 上院顶层李公馆的设计中，即可见证这一自然哲学的魅力所在。家中不但有艺廊，还有私人收藏室，展现出一种国际视野的生活观和人文精神浓郁的氛围，也是现代中国人精致生活的图像再现。中西贯通的设计手法，传递出东方古典美学与天人合一的居住理念，也表现具欧洲贵族血统的现代巴洛克风格，在细致处见得到古典主义的精雕细琢，表现出东西方文化交融汇聚的深层底蕴。

基于对自然哲学的尊重，邱德光把中国造景艺术与西方精致的工艺手段、东方山水情怀与现代色彩系统、亚洲的典雅礼仪与现代国际生活的相互结合、穿插、渗透，直至创造出一种符合现代人审美的自然美学观。事实上，当人们开始解构地域传统文化，保护不同地域的审美特征，探究传统生活哲学对现代生活的影响时，新的生活方式已然形成。

北京 NAGA 上院

北京 NAGA上院

订制化生活场域

每个人的生活经历各不相同，对生活的理解也必然不尽相同，同质化的家居在某种程度上很难满足人们内心深处对独特个性和人文品味的要求，尤其是高端人群，对产品私属性和排他性有着更高的要求。邱德光始终不相信存在既定的完美豪宅模式，他认为一切功能都基于顾客的需要进行组合，才是设计的要旨所在。

"我采取时装般的手法设计家具家饰面料，以高级订制概念，为业主量身定做，我着迷于精致的工艺创作精神，对于充满细节与讲究材质的设计，从来不感到疲乏，追求推陈出新的境界。"邱德光说。正如时装界的高级时装订制意味着奢华的制高点，邱德光对空间的苦心孤诣也代表着其对艺术创作的不懈追求。为了订制其理想的生活场域，他大胆地突破室内设计的边界，转而寻求跨界的方式，从时尚界、艺术界、建筑界、文化界等吸取养分。为此，他解释道："我想要彰显新时代的工艺价值，透过计算机技术的辅助，突破传统方法的囿限，实现其精益求精的追求。"

透过订制，他把各种时尚图腾、更新的传统语汇与私人空间结合在一起，发展出一套新装饰主义的美学体系。设计也得以不只是停留在玩弄造型、色彩的阶段，而是被赋予时代的温度与文化的涵养，引领当代生活形态的转变与发展。正如邱德光所言："21世纪是跨界盛行的年代，服装设计师不只是设计服装，空间设计师也不再只是设计空间。因为在数字时代，所有生活的接口都不是那么固定，而是动态的。所以我也不狭隘地自我设限在空间设计，我想做的是生活的设计，透过我心中对新装饰主义美学的向往与追求，逐步地挑战自己的标杆，希冀为亚洲的设计美学做出贡献。"

"雲"系列家具之"夢雲" by T.K.Design

艺术
剪裁艺术饰"新装"

ART

ART FOR LIFE

设计师，似乎有着类似于造物者的神奇魔力，灵感于头脑与双手间一触即发，便会有摄人心魄的美丽器物展现眼前。回望人类对于"美"的漫长追寻史，在其指引下，艺术总能幻化出各色不一的绮丽景观。驻足今朝，在自由、多元的时代格局下，装饰艺术恰逢一个活力无限的时节，世界的东方也因此兴起一股"新装饰主义"风尚。它犹如一曲时尚多重奏，"演奏者"邱德光让跳动的艺术与生活再次邂逅。

生活，艺术留恋的故乡

"艺术之伟大，在于它能显示人的真正感情、内心生活的奥秘和热情的世界。"在法国批判现实主义作家罗曼·罗兰口中，艺术与生活有着难以切割的天然二元关系。生活中的人，需要艺术来滋养灵魂。由艺术浸染过的生命，在生活中再次升华。当然，在艺术"饰"界，同样遵循着这一颠扑不破的生存法则。在"生活是艺术的载体"的宏伟命题下，为当今装饰艺术风格的生息繁衍供给了无限的可能性与养分。

邱德光，出生于台北建筑世家，自小耳濡目染与建筑设计有关的人与事。儿时，有关于建筑设计的所有记忆，让一颗艺术的种子于心间深埋。淡江大学建筑系毕业后，青年时期的邱德光笃定了理想，开始了建筑设计师的从业生涯。旧时的台湾，"装饰即罪恶"的教诲在先师前辈那里口口相传，成为不可逾越之金科玉律。当装饰无情地遭受着时代的排挤和抵抗，"简约至上"成为建筑设计界的黄金法则。精简主义大肆其道的设计界，或许习惯了坚固、实用的审美视角。而生活的趣味却悄然发生变化，"美"犹如水和空气，成为生活的一种必需品。人与人之间的相处，已然充满了对于"装饰"的无限向往，而艺术设计也没有理由继续受束缚。

就是这样，当命运的转盘于万般恰巧之时，与胸中陈酿已久的艺术灵感相逢交汇，一股"新装饰主义"设计之风骤然而至。三十余年的建筑设计生涯让邱德光对于艺术的把握精准老道，而 2000 年受台北第一豪宅——"信义之星"之邀，为新装饰主义找到首个载体，初见世人便因独树一帜的设计品味，引来众多瞩目眼光。豪宅，顾名思义是伴随着社会阶层的分化，而诞生出的象征身份与品味的生活空间。既然是容纳生活的居所，如何用富有韵律和几何感的装饰语汇来营造生活氛围，才不违邱德光设计本心。

生活，是邱德光装饰艺术灵感迸发的深层动力，成为装饰艺术难以忘却的故乡。摒弃单调、乏味的图案与色彩，拒绝无味的复制与堆砌，一种有别于 20 世纪 20-30 年代，被法国人深深迷恋的 Art Deco 之风在邱德光的笔端化为迷人景观。

1925年法国巴黎举办的"国际装饰艺术及现代工艺博览会"的海报，
"Art Deco"(新装饰艺术运动)的名字的来源就是在这届博览会上，
艺术装饰风格也由此被推上国际潮流舞台。

台北 信义之星Lobby

时代，岁月流转中轮回

每个时代，自有一种风格与之相得益彰，真实地折射出这个年代应有的社会风貌与文化。正如直接起源于罗马，并在17世纪的欧洲广为流传的巴洛克（Baroque）艺术风格，它的应运而生迎合了人们对于浪漫主义表现手法的狂热迷恋，着力于打破宁静、和谐。通常以规则之外的线条与形状，浓郁而奔放地表现出宗教狂热者的抗议与挣脱。西班牙圣地亚哥大教堂作为巴洛克风格的集中体现，自由奔放、造型繁复，而又富于变化的外部线条，赋予建筑本身凝固而律动的节奏。

巴洛克设计之风反映于装饰设计之中，破山墙、涡卷饰、扭曲的旋制件、翻转的雕塑、华丽的沙发等艺术元素在邱德光看来，显然成为凸显高端生活品质的切入口。在北京NAGA上院一案中，多元化的设计语汇杂糅、拼接，跨界混搭诠释出的全新的东方巴洛克风尚，展开一幅格调非凡的生活画卷。其中，NAGA上院顶层的李公馆一案，以意大利黑金纹石打造的巴洛克风格壁炉与壁面摆放着的中国古董对话交流，让"艺术生活化，生活艺术化"近在眼前。

时代的车轮滚滚向前，转眼时空的指针转向了20世纪20－30年代的法国。经二次工业革命洗礼后的欧洲，机械制造工艺取得了跨越性的发展。社会生产效率的提高，带来经济的高歌猛进与政局的平稳缓和。在经历了英国工艺美术运动和欧美新艺术运动两股装饰风格的共同洗礼下，"美与技术相结合"的理念让设计师们设法把豪华的、奢侈的手工艺制作和代表未来的工业化特征合而为一，催生出ART DECO设计运动。ART DECO的魅力在于它的兼容并蓄，其在室内设计、陶瓷、漆器、玻璃器皿、金属制品、首饰与时装配件、绘画、海报和时装插图等设计艺术领域的积极参与，织造出一张足够精密而又吸力强劲的艺术之网，容得下任何天马行空的设计灵思。

豪华的装饰效果、简练的家具几何造型，ART DECO多元、深邃的设计语言体系，让邱德光着迷不已，同时与当下人们追求时尚化、个性化的生活品味不谋而合。设计究竟是束之高阁的鉴赏品，还是随手拈来的生活必需品，在邱德光的新装饰主义设计案中，答案显而易见且挥洒淋漓。其中，融合明朝圈椅元素在内的"云"椅系列，通过激光切割等现代技术工艺，全然具有另外一番典雅、飘逸的审美意味。"无论是具象或是抽象设计语汇，在我们手中都可以得以重塑，化身时尚产品。"谈至新装饰主义设计手法的精妙之处，邱德光深谙其中奥妙。

中国，文明而又古老的东方国度，在悠长而绵延不绝的历史长河中，构筑起的是以儒、释、道为主的精神家园，其中尤以孔孟之道被视为东方文化之精髓。中国传统文化有着坚韧豁达的内在品质，却在世界多元文化的交流、撞击中，遭受着无处传承与弘扬的双重考验。文化之于一个民族的意义无须赘言，如何在国人快餐式的生活模式中，注入更多精神层面的雨露养分，或许为文化传承另辟蹊径。

新装饰主义的精髓，在于打破时空的界限，将多元装饰文化融会贯通，包装出完整的生活语言体系交予业主去心领神会。邱德光，这位行走于艺术"饰"界的东方墨客，乐于在水墨画般的旷达意境中低吟浅唱，找寻出相契合的艺术音符。2013 年，苏州仁恒·棠北天涟墅一案中，"中国红"的引入，点缀着空间的庄重，而卷曲的流云柔化了棱角分明的沙发和墙体，将行云流水般的生活意境寻找到最佳载体，化虚为实，刚柔并济。茶室清新脱俗的设计语汇，更让焚香煮茶对于主人而言，将不再是点缀生活的装饰。

融合明朝圈椅元素在内的"雲"椅系列，通过激光切割等现代技术工艺，全然具有另外一番典雅、飘逸的审美意味。

归处，艺术构筑生活？

21 世纪得益于科技的卓越发展，使得纯粹而又单调的审美趣味逐渐进入异化的空间。正如法国当代社会学家让·鲍德里亚以独到的符号学视角，犀利而又精准地指出在物欲横流的消费时代下，"富裕的人们不再像过去那样受到人的包围，而是受到物的包围。消费的物与符号，早已成为生活的象征。"显赫的地位，华贵的生活，仿佛一切"炫富"的资本只是通过一个接一个的物质符号加以表征。如此的生存逻辑，让人难以逃离财富的浮华与喧嚣。

2013 年 8 月，胡润再次发布《2013 财富报告》，起底中国人财富拥有者的财力与分布状况。公布结果与公众预想不谋而合。中国三十余年的改革大潮，如设想一样，成功地让一部分富裕阶层迅速崛起。财富的堆积，势必催生出巨大的动力来激活整个装饰设计产业的活力与激情。

时势造英雄，英雄亦适时。时势与英雄究竟有着怎样的辩证关系，也许很难得出定论。然而，就是在必然性与偶然性之间游离，方引无数英雄才俊跻身时代前沿，引领潮流风尚。享誉国际的日本建筑设计大师安藤忠雄，认为真正的后现代文化不应以过度的服务来满足消费文化的需要，而是应包含在禁欲主义的"道"中。因此，也就有了安藤住吉的长屋问世，以对抗精神渐趋没落的生活境况。

1913年是现代艺术正式成为流行艺术的一年。而这年，未来主义仍然在它光辉的顶点，因为正是在这一年，未来主义者艺术家翁贝托·薄邱尼（Umberto Boccioni）创造出了他的雕塑作品：《空间中连续性的唯一形体》。

无题, 2007年, 280cmx540cm (三拼), 布面油画

纵观"邱式美学"的十年演进之路, 无疑他已成功为高端社会阶层量身订制了一件件奢华"新装", 跃居当代中国顶级豪宅设计的"首席代言人"。然而, 生活原本就属于一切热衷于生活本身的人, 而在所有令人心向往的艺术审美资源被财富阶层所完全垄断之际, 邱德光便理所当然地看作是助推"贫富两极分化"的共谋。究竟该如何冲破财富对于高品位生活的绑缚, 如何建立起国人应有的生活标杆? 这样一种艺术审美的社会化责任, 也是邱德光一直以来的追索。

自然而然, 此时生活价值观的重构议题被再次关注。当财富无可避免地被创造并被少数人所拥有时, 作为一种工具, 其本身对于社会价值观塑造无所谓绝对的正或负。拂去虚华的设计外衣, 对于文化与品味的重塑, 更应被看作是当今社会价值坐标系的原点。在邱德光眼中, 其实, 豪宅除了设计本身, 自有其独特的生活语言体系存在。生活品味的无限升华, 才是设计的生命力之所在。

新装饰主义⁺
代表作

中西一堂 书墨自香
北京 · 李公馆

收藏家的生活空间
非收藏家的储藏室

——邱德光

位于北京繁华市中心的李公馆，原本坐落在中央商务区的公寓楼中。现代都市的熙熙攘攘，中西文化的交融呼应，让设计师邱德光T.K.Chu运用东方华丽艺术和西方时尚元素，将生活形态和美学意识转化为业主的文化尊严，赋予奢华生活新的内涵，成功地塑造了当代东方都会美学与21世纪时尚多元的生活形态。邱德光在李公馆的设计中打破了原有板楼空间的局促，在装饰元素中结合了当代设计，充分展现了新装饰主义风格，以东方国学为脉络，以西学美学为手法，表现出贯穿古今、中西融合的空间美学，传达当代中国君子的精神、当代中国大家的风范，打造出生活博物馆的气度。

古为今用，调转时空

李公馆作为大家的博物馆，强调的是一种文化气息、收藏气息，同时又兼具生活功能，令中华古董的文化底蕴与西式现代住宅碰撞、对话，并孕育出更具思维与深度的空间美学。

进入玄关，首先映入眼帘的便是Art Deco风格的玄关柜，上方为明黄花梨木做弗龛，巧妙融合东西风格，从玄关通往厅堂的走廊，迎宾是立轴彩——和平鸽，一字摆开的件件珍品宛如艺术长廊，文艺气息扑面而来。

挑高6米的厅堂，气势恢宏，莱姆石双圆柱体盘踞对峙，中间断开的格局由黑色仿古橡木墙面贯穿，展现出耀眼气派的格局。左边圆柱体为内敛的艺术品展示，乜就是作为主人的收藏室，右边圆柱体为楼梯间，既可收纳藏品，又营造出壮美的空间体量。左右两个圆柱体呈现阴阳两极的对比协调，一个是外墙平整、内墙做凹槽，作为摆放艺术品的格柜；另一个则相反，外墙做凹槽、内墙平整，作为书房的摆饰格柜。左边艺术品展示室的圆柱体，以融合东西的Art Deco手法设计，切割的直线划分出陈设艺术品的展示柜，展示柜间的柱体其实是收纳柜，放置珍本《二十四史》线

黑檀木、银箔、黑金纹石、橡木、明镜、镜面不锈钢等多种材质构造的华丽空间。

混搭让各式异国风情的装饰风格不再遥远而陌生，让各种打破疆域界线的融合设计应运而生，而美学原理则是贯穿始终的核心。

无题, 2007年, 280cmx540cm (三拼), 布面油画

纵观"邱式美学"的十年演进之路, 无疑他已成功为高端社会阶层量身订制了一件件奢
华"新装", 跃居当代中国顶级豪宅设计的"首席代言人"。然而, 生活原本就属于一切热
衷于生活本身的人, 而在所有令人心向往的艺术审美资源被财富阶层所完全垄断之
际, 邱德光便理所当然地看作是助推"贫富两极分化"的共谋。究竟该如何冲破财富对
于高品位生活的绑缚, 如何建立起国人应有的生活标杆? 这样一种艺术审美的社会
化责任, 也是邱德光一直以来的追索。

自然而然, 此时生活价值观的重构议题被再次关注。当财富无可避免地被创造并被少数
人所拥有时, 作为一种工具, 其本身对于社会价值观塑造无所谓绝对的正或负。拂去虚华
的设计外衣, 对于文化与品味的重塑, 更应被看作是当今社会价值坐标系的原点。在邱德
光眼中, 其实, 豪宅除了设计本身, 自有其独特的生活语言体系存在。生活品味的无限升华,
才是设计的生命力之所在。

装书，搭配多件紫檀、黄花梨官皮箱，是美学兼具功能的设计；与天花对应的圆形地坪，令紫檀面嵌青花圆几和海浪纹手工地毯进行天地对话。右边楼梯间的圆柱体是通往业主的私密居家空间，与公共空间区隔，以玻璃扶手、银箔和钢板结构体锻造的楼梯就像一件现代雕塑，更衬托出李公馆浑然的艺术气息。仰视双圆柱体的天花顶上方的两款时尚吊灯，火热的红色与朦胧的黄色，仿佛日月双映、光辉重现。

大厅堂中的家具、家饰摆设，全部是古今混搭，夺人眼球：清代古董黑漆大柜，现代风格沙发、清黄花梨炕桌还有桌上的青花瓷盘等，件件精致的小品组合，塑造了既古朴又华丽的"生活博物馆"格调。

中西合璧，镶嵌生活

混搭让各式异国风情的装饰风格不再遥远而陌生，让各种打破疆域界线的融合设计应运而生，而美学原理则是贯穿始终的核心。书房和会客空间是收藏家李先生的住所最与众不同之处。书房里西式书桌与明代黄花梨官帽椅并置，西式沙发后方是中式案几、木柜，呈现出当代中国文人的书卷气质；以意大利黑金纹石打造的巴洛克风格壁炉与壁面摆放着的中国古董，创造了引人入胜的绮丽风格，处处显露中西文化共通的智慧。会客室以菱格纹的时尚语汇铺陈地面，FENDI单椅、IPE沙发和古董柜、扇面和谐共处，非但不矛盾，反而在冲突中呈现了多种要素的平衡。设计师通过运用颜色的搭配与比例原则，实现中西古今的完美混搭。

整个李公馆共有三个会客空间，个个具有不同的性格，邱德光通过运用在装饰与陈设上的各种巧思，让业主可以在不同空间展现其生活价值与行为，让业主的古董更能融入现代生活。

规划与构思是设计方案完成前最重要的步骤。将业主的收藏品与设计理念充分结合正是这个作品最成功之处。在进行设计方案构思之前，业主李先生向设计师提供了他的艺术收藏品的资料，通过一番研究，设计师根据藏品的气质风格，针对不同空间提出装饰陈设的建议，让不同年代的艺术品在空间内适得其所，同时又不让位于生活的舒适性。目前公馆所陈列的古董和艺术品，仅仅是李先生藏品中很小的一部分。面对不

同的空间，设计师必须从藏品中寻找适合的搭配对象，才能创造出有气质与涵养的生活空间，否则就会杂乱无章，像是储藏室。这样预先把古董的摆设考虑进去的规划设计，让中西古今的元素得以碰撞对话，达成超乎预期的和谐与深邃之美。

喜爱收藏艺术品的业主，是新一代品味艺术、钻研文化的谦谦君子，李公馆的设计则融合了中国传统文化精髓、西方当代艺术概念与现代功能生活。业主广博精深的收藏品，加上设计师宛如雕琢艺术品的态度，撞击出这处散发当代东方风华的"生活博物馆"，独特的，满溢当代中国文人气息的收藏家的住所。这也是邱德光一直以来所推崇的设计理念——"艺术生活化，生活艺术化"的最佳诠释。

（左）面对不同的空间，从藏品中寻找适合的搭配对象，才能创造出有气质与涵养的生活空间。

（右）意大利黑金纹石的巴洛克壁炉与中国唐三彩的和谐并存。

玄关与艺术长廊是生活博物馆的开篇。

圆柱体为内敛的艺术品展示，也就是作为主人的收藏室，以融合东西的Art Deco手法设计，切割的直线划分出陈设艺术品的展示柜，展示柜间的柱体其实是收纳柜，放置珍本《二十四史》线装书，搭配多件紫檀、黄花梨官皮箱，是美学兼具功能的设计。

大厅堂中的家具、家饰摆设，全部是古今混搭，夺人眼球：清代古董黑漆大柜，现代风格沙发、清黄花梨炕
桌还有桌上的青花瓷盘等，件件精致的小品组合，塑造了既古朴又华丽的"生活博物馆"格调。

双圆柱体的天花顶垂吊日月双映吊灯，绚美多姿。

（左）圆柱体为内敛的艺术品展示暨收藏室。

（右）中华古董的文化底蕴，在与西式现代住宅碰撞后产生对话，孕育出更具思维与深度的空间美学。

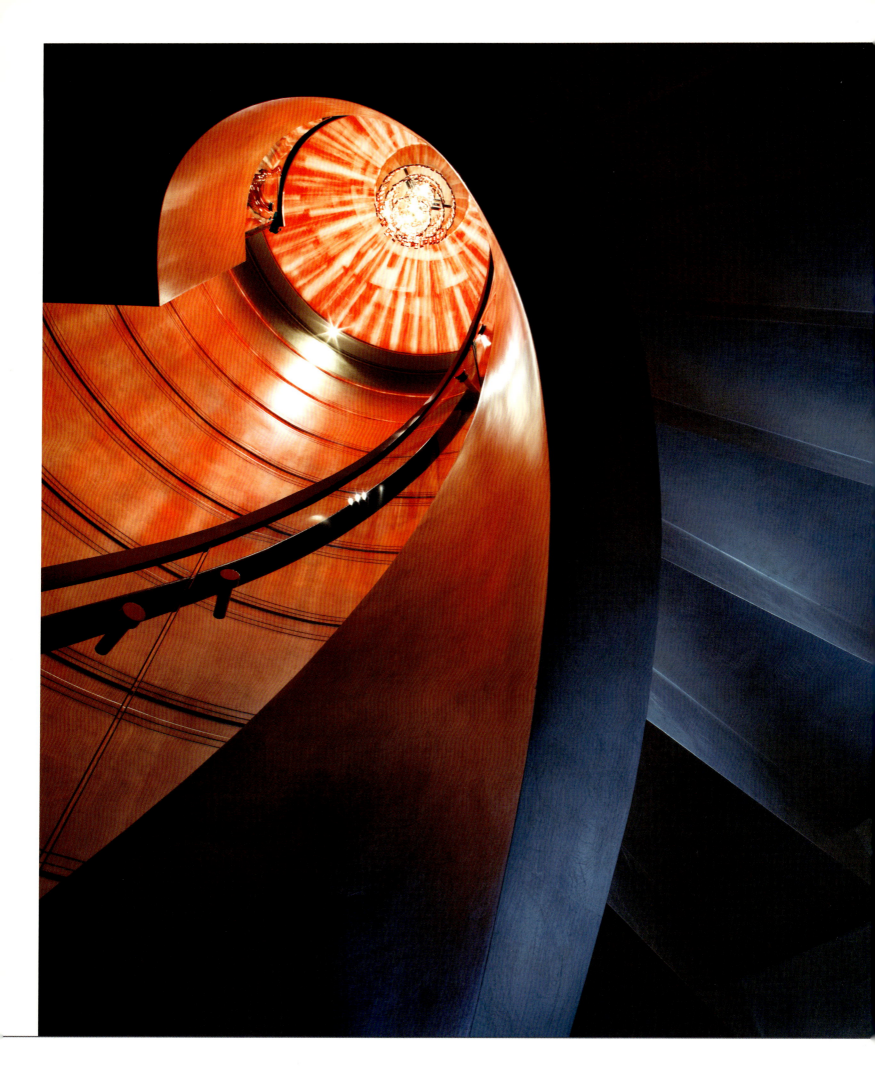

李公馆作为大家的博物馆，强调的是一种文化气息、收藏气息，同时又兼具生活功能，令中华古董的文化底蕴与西式现代住宅碰撞、对话，并孕育出更具思维与深度的空间美学。

———————————

圆柱体为楼梯间，既可收纳藏品，又营造出壮美的空间体量。

古董家具与书画在现代简约空间里的完美呈现。

紫檀插屏与黄花梨炕桌及条案与整
体色彩搭配,营造安逸空间。

低调吟语 雕刻奢华

台北 · 陈公馆

艺术品和空间的对话
形成完整的生活场景

——邱德光

邱德光认为，住宅应该像一块璞玉、一瓶陈年美酒，暖暖内含光、越沉越香醇。经得起时间的考验，居于其中者久居而越发现其美好，而唯有内敛不张扬的美感，卓越精致的工艺能达到此目的。在他的最新设计作品桥峰陈公馆中，低调的奢华被完美诠释。

崇简舍繁，细腻为美

奢华不难表现，低调的奢华才最见功力，只有卓尔不群的工艺雕琢、艺术质感的细腻铺陈、精巧别致的细枝末节才能营造出来。

屋主是位事业有成的科技人，具有收藏艺术品、红酒的雅兴，他也相当认同邱德光的想法。因此邱德光为其量身打造一所符合现代审美又不失质感的表达，在现代中点缀一些中式情感，呈现一个中国人家的符合内敛美学的家宅。

在此案中，邱德光以点、线、面精巧布局，把这所家宅当成艺术品般精雕细琢，也像铺陈画作般一丝不苟。看似简单的设计，其实蕴藏了以时间雕琢的精致、以艺术质感铺陈的奢华，而这些都隐藏在细节中，需要居者慢慢去体会。

在陈公馆的客厅里，最能体验内敛美学的精华。在色调沉稳、端庄大气、布满艺术品的客厅中，使用的家具都是以工艺水平闻名世界的品牌，诸如Poltrona Frau、Giorgetti、Busnelli等，充分彰显时尚品味。

邱德光将空间量体看成是一件雕塑品，从空间贯穿到家具。例如以线条雕琢的天花线板、大理石地板和墙垣，典雅华贵；当代经典、线条简洁的沙发，低调奢华；直线倾泻宛如银丝瀑布的水晶灯，精巧的多宝格开放式储柜，直线拼花的艺术性地毯，散发出优雅华丽的艺术气息；除了线条的铺展之外，对于材质的讲究和光线的经营更让这件空间雕塑品熠熠发光：以皮革贴边的天花板、品牌沙发的皮革质感、艺术品的细腻质地等。

（左）在色调沉稳、精练大气、布满艺术品的客厅中，采用的家具也都是以工艺水平闻名的厂牌，最能体验其内敛美学的精华。

（右）直线倾泻宛如银丝瀑布的水晶灯，精巧的多宝格开放式储柜，与空间线条的铺陈整体搭配。

最能体现精雕细琢工艺性的当属横陈在客厅中的马毛地毯，它自法国地毯厂牌Serge Lesage订制，为了创造斑驳多变的花纹，甚至加入银箔，犹如一件抽象画作。

陈设情绪，流露不凡

艺术空间仿佛是雕塑品，需要对各种设计要素进行严格挑选，"增之一分则太多，减之一分则太少"，太多则失之流俗，太少则失去个性。

在此案，空间的情绪由室内陈设来完成。邱德光把家具视为空间的延伸，让彼此融合为一体，同时也透过一些家具来凸显空间的艺术性，例如菲利浦·史塔克（Philippe Starck）为XO设计的凳子"僧"（Bonze）、Witt Mann的黑色单椅等，创造出具有戏剧性张力的视觉效果，让空间更有生命力。

空间的铺陈像一幅画，此设计案则在以黑、灰、米白、大地色系的定调中，点缀少许鲜明的色彩，让画面更生动。红色的花瓶、工艺品，以宛若蒙德里安画作的节奏，让具有秩序的空间闪耀着爵士乐般的灵动。

此案的艺术陈列品之所以能够与空间完美融合，是因为邱德光设计事务所事先针对屋主的艺术收藏品做了大量的研究工作，得以从中精挑出最适合与空间搭配的艺术品；为了艺术品的收藏，还特别设计了专属的储藏柜，并且以隐藏性的设计，让设计感与功能两者兼顾。

书房中主墙面所展示的国画正是屋主的收藏，在西式书桌椅空间中，墙面以泼墨般纹路表现的壁纸贴饰，兼具东方水墨与西方抽象画特色，也平衡了空间，别具匠心。主卧则采用简约时尚的设计，菱格纹的绒布床头饰板、典雅的Giorgetti床头柜，加上阳台陈列的艺术品，提升屋主的艺术品味。

屋主与设计师对于生活美学的不谋而合使得陈公馆由一个抽象而飘渺的设计概念演化为散发优雅气息的美妙空间，奢华而低调。让人在目光可及处感受温暖质感，行走其中时体会到岁月静好，仿佛润物细无声般得到心灵的滋养，让灵魂轻盈而充实。

（左）菲利浦·史塔克设计的凳子"僧"、Witt Mann的黑色单椅等，创造戏剧张力与视觉效果，让空间更有生命力。

（右）将空间量体看成是一件雕塑品，从空间贯穿到家具。

在黑、灰、米白、大地色系的定调中,更透过少许鲜明色彩的点缀,让画面更生动。

红色的花瓶、艺品。客厅中的马毛地毯,为了创造斑驳多变的花纹,甚至加入银箔,犹如一件抽象画作。

（左）空间量体就像一件雕塑品，从空间贯穿到家具。

（右）为了艺术品的收藏，特别设计专属的储藏柜，并且以隐藏性的设计，让设计与功能两者兼顾。

书房中主墙面展示着国画，墙面以泼墨般纹路表现的壁纸贴饰，兼具东方水墨与西方抽象画特色，中和平衡空间。

Poltrona Frau的书桌椅, 为书房建立内敛美学的深沉魅力。

陈设中国
台湾馆

第一个空间软艺术的连锁！

——邱德光

文创产业近年在海峡两岸都掀起一股风潮，华人世界最大规模文创盛事——第四届中国北京国际文化创意产业博览会甫落幕，据北京文博官方资料，有来自世界各地2800个单位参展，吸引43万参观人潮，此次台湾从当局到民间业者皆踊跃共襄盛举，参与厂商数量、规模都刷新纪录。

以"新装饰主义风格"在中国室内设计界扬名的台湾设计师邱德光，被中国陈设委员会委托设计"陈设艺术概念展"台湾展馆，邱德光本着引进推介台湾设计与艺术势力做两岸交流的志愿，从设计展馆，到与台湾室内空间学会长王明川共邀台湾产官学界的重量级专家、艺术家、知名设计师、重要厂商参与，力求当代"台湾陈设艺术"齐绽光华。劳心劳力的付出，以此次首度大规模呈现的展馆和研讨会的成果来看，在参与交流的人潮与品质上，都可谓感到欣慰。

邱德光表示，作为中国陈设——台湾展馆的策展人，他是生活空间元素的Collector，将多位的艺术家、设计师的思想及物件收藏展示于此，试图透过"艺术生活化，生活艺术化"的理念，彰显出另一种自我的生活态度，期盼藉由此次展览能抛砖引玉，使观赏者因此能发挥自己的生活体验，并将中国文化展现在当下的生活领域，是他这次策展的最大愿望。

台湾展馆分为静、动两大部分，前半部利用台湾艺术家李真的"无忧国土"，台湾艺术家杨柏林的"真言互动"、"亲密关系"及台湾艺术家黄铭哲的"台湾土狗在北京"的艺术创作，陈设出思想的中国、文化的中国；以及运用台湾设计师王侠军"八方新气"的白瓷创意及卡希纳家饰总经理林宪能对茶文化的生活体验，结合台湾厂商在中国的自创家具家饰品牌"春在中国"所设计的中国系列家具，还有高意静的花艺设计及邱德光为此次展览所设计的原创沙发品，展现出当下中国文化的生活空间。后半部为沙龙区及媒体区，为设计师程绍正韬、黄书、李睿城……对中国陈设的体现，并集结海峡两岸设计和艺术类十家媒体文化交流互动，共同展览，集中呈现现代中国风格的生活体现空间。

台湾陈设艺术中心利用红色与白色的视觉冲撞，制造出"动"与"静"的对比。

中国室内装饰协会陈设艺术委员会和邱德光设计事务所主办的"海峡两岸陈设艺术文化交流会"，聚集两岸学术权威、行业专家、著名设计师和著名媒体人与300名两岸室内设计精英，以"陈设艺术设计"与"生活"为主题展开交流与对话。包括"30年设计陈设艺术生活"论坛，与会嘉宾为台湾艺术大学校长黄光男、清华美术学院副院长杭间、广州美术学院副院长赵健、集美组设计机构总裁林学明、设计师邱德光、中国室内装饰协会陈设艺术委员会秘书长赵寂蕙、《INTERIOR DESIGN》中文版出版人赵虎，并有邱德光的专题讲座和几场专场：台湾艺术家专场——室内设计与当代艺术、台湾设计师专场、邱德光陈设应用专场，还有高端设计师鸡尾酒会等。

随着两岸人民生活形态的转趋富裕，陈设艺术也逐渐抬头，将成为显学。邱德光认为："陈设艺术不仅仅是自身品味的体现，更是精神的体现，文化的体现。文博会陈设艺术论坛和展览，是对室内装饰陈设概念的一次全新的阐述，是一次对整个行业理念在文化上的提升，同时也是对这一理念的全方位传播和推广，期待将对今后室内装饰市场消费观念起到引领作用。"

陈设艺术不仅仅是自身品味的体现，更是精神
的体现，文化的体现。

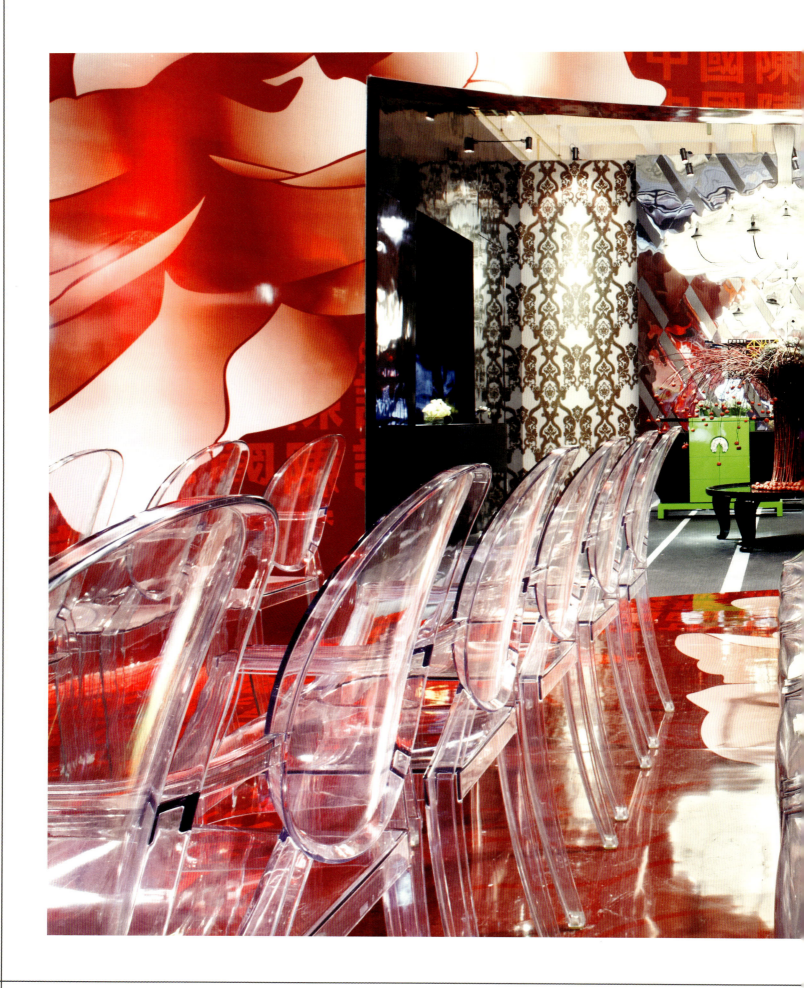

红色的主色调与盛开的牡丹，邱德光用中国元素创作陈设艺术概念展馆。

台湾馆实景呈现图。

（左、右）台湾馆以静动两部分集中呈现现代中国风格的生活空间。

运用台湾设计师王侠军"八方新气"的白瓷创意及卡希纳家饰总经理林宪能对茶文化的生活体验, 结合台湾厂商在中国的自创家具家饰品牌"春在中国"所设计的中国系列家具还有高意静的花艺设计及邱德光为此次展览所设计的原创沙发品, 试图展现出当下中国文化的生活空间。

（左）台湾艺术家杨柏林的"真言互动"。
（右）台湾艺术家黄铭哲的"台湾土狗在北京"。

打造中国艺墅 品味禅意世界

苏州仁恒·棠北天涟墅

流水·涌泉·梦云·风云
禅定 —— 天涟墅

——邱德光

苏 州园林可以当代艺术化？也可以极简？设计大师邱德光最新力作苏州仁恒·
棠北天涟墅，具体表现他"新装饰主义⁺"的概念，把中国园林穿透的空间
设计、当代艺术的简约印象、波光粼粼的湖水自然地糅合，独创出具有中国文人风
格、禅意境界的当代艺墅馆。

新装饰主义⁺：海纳百川的设计取向

苏州古典园林作为中国园林的代表，被列入世界遗产名录，而中国的造园艺术又与
中国的文学和绘画艺术有着深远的历史渊源。苏州仁恒·棠北天涟墅的建筑设计将
苏州园林的转折、穿透、一步一景、柳暗花明又一村等在空间上表现得张形而上，邱
德光则在这样的空间容器内，利用中国当代文化艺术与外在环境对话，对自然至上
的生活方式做出一种绝佳的诠释。邱德光的"新装饰主义⁺"理念，顺应地球村时代
的混搭潮流，是一种海纳百川的设计取向，它可含蓄温婉亦可热情奔放，它可标新
立异亦可固守经典，它可华美瑰丽亦可风轻云淡所以天涟墅的当代极简风格也与众
不同，极简中带入中国文化艺术的意蕴悠长，而不落入一般简极主义被诟病的千篇
一律、单薄乏味的窠臼。

仁恒·棠北天涟墅一案最大特色是直面原生湖景——独墅湖，并坐拥私家湖岸，邱德
光善用此优势，将湖、流水、云等中国文人喜好的意象，将道家人与自然的思想铺
陈开来，让里外天然贯穿、天人合一。

流水、涌泉、禅定、风云、梦云、祥云，是邱德光与艺术家们在天涟墅精心创作的元
素，共同组合成强而有力的当代中国艺术馆，空间及部分进口家具在此俨然已成配
角，默默地衬托出中国人文及艺术的价值，显现当代内敛奢华的气度。

（上）一脉相连的客厅、餐厅、吧台，与户外湖景全部通透。

（下）玄关水池、佛陀雕塑、"風雲"功夫椅、梅花画作、端景柜，彼此间相呼应、对话，展现出中国文人式的空灵世界。

中国文人式的空灵世界

从玄关的开场，就可以看出天涯墅的独树一帜与匠心别具，水池、穿透式设计，揭露苏州园林印象与格局，涌泉、艺术家杨柏林创作漂浮在水上的佛陀雕塑（禅定）、邱德光设计的"風雲"-功夫椅、梅花画作、端景柜，彼此间呼应、对话，展现出中国文人式的空灵世界，有种"笑看人间我独醒"的气宇轩昂，让居者回到家中，排除外界纷扰，潜心静气，体味生活。

玄关透过透明玻璃穿透，湖光、天光、云影、倒影，漫天的水波错综相连，相映生辉，余波袅袅，水色涟漪。邱德光希望借由空间与艺术的碰撞，通过不同观者的解读，表达艺术的可贵性，展现当代中国艺墅的空间美术馆意境。

从玄关走到客厅贯穿建筑，经由庭院可走到湖边，只有中国园林格局手法可彰显此特色，一脉相连的客厅、餐厅、吧台，与户外湖景全穿透合一，水的意象也被引入到客厅，艺术家杨柏林的黑白油画作、墙、地板，都呼应了波光粼粼的水纹印象，玻璃、不锈钢、大理石等自然元素，室内石材与建筑外墙一致，落实天人合一的境界。客厅内极简风格家具、陈设皆以黑与白之间的色阶调色，展现中国文人画的雅致，当然也少不了当代的时尚感。邱德光的原创椅"夢雲"在这里扮演着重要角色，突出的造型颜色，带着中国文化色彩的温度、画龙点睛，赋予空间无限灵动。

吧台打造宛如云彩的黑白华丽水晶灯，增添时尚气息。厨房为中西合璧，中厨与西厨之间夹着一个可供休憩的空间。茶室的设计是神来之笔，以无斧凿修饰的红花梨木茶桌，搭配镜钢支撑的桌脚，以及同样镜钢材质的时尚座椅，减少传统中国元素的沉重厚重之后保留了自然灵动的当代时尚感，如入当代中国禅之意境。

一楼父母房、二楼主卧，延续中国文人风格概念；低调成熟的中性色系的书房，通过邱德光蕴含中国明式椅概念的"祥雲"，透露出中国传统文化的质感；主卧一角的休憩空间与外面湖面连成一气，搭配卡希纳品牌日本设计师名椅，在鲜绿椅套与潋滟湖光的呼应中，品尝生活意趣。

邱德光的原创椅"夢雲"，突出的造型颜色，带入中国文化色彩的温度，画龙点睛地让空间活了起来。

一楼起居室以多彩油画，呼应流水意境，小型多功能厅把麻将桌功能含入，地下室的休闲空间与会客室，更导入活泼时尚氛围，半圆形的玻璃扶手大理石楼梯，宛如当代雕塑创作。楼梯旁设计为传递杯影叠映缤纷感的酒窖空间，收藏室两张"萝雲"椅流露中国式时尚品味，泳池旁打造梦幻的马赛克屏风，把时尚、艺术融为一体。这个隐含中国古典文化、艺术况味的当代空间，融合轻松的时尚气息和简约的设计理念，为居者提供一种中国休闲艺廊的全新体验。

静水流深且内敛含蓄的东方文化在当今时代略显沉重，但当其与具有多元语汇、以人为本、感性审美等特征的新装饰主义风格相遇之后，则营造出极具冲击力的视觉效果和空间美学。苏州仁恒·棠北天涟墅以新装饰主义来诠释中国传统文化，在保留东方意象和文化精髓的基础上，发展成新式的东方风格，创造出中国文人式的心灵世界。不宜过多着墨，它自己就会说话。

（左）玄关水池、佛陀雕塑、"雲"系列之"風雲"功夫椅、梅花画作、端景柜，彼此间相呼应、对话，展现出中国文人式的空灵世界。
（右）玄关透过透明玻璃穿透，借由空间与艺术的碰撞所产生的意境，不同观赏者均有不同的解读，表达"艺术"的可贵性。

客厅内极简风格家具、陈设皆以黑与白之间的色阶调色，展现中国文人画的雅致，也少不了当代的时尚感。

在这样的空间容器内，利用中国当代文化艺术与外在环境对话，对自然至上的生活方式做出一种绝佳的诠释。

————————————

（左、右上）茶桌采用无斧凿修饰的红花梨木，搭配镜钢支撑的桌脚。
（右下）艺术家杨柏林"禅定"雕塑与邱德光设计的"風雲"功夫椅相呼应。

地下室的休闲空间与会客室，导入活泼时尚氛围，还隐含中国文化、艺术品味，铺陈当代中国休闲艺廊的新体验。

（左）收藏室两张"梦云"椅点出中国式时尚感。
（右）二楼主卧延续中国文人风格概念。

泳池旁打造梦幻的马赛克屏风，把时尚、艺术融为一体。

桃花源记

杭州 · 桃花源中一墅

官帽椅与简约家俱
冲重出当代文化生活空间

——邱德光

中国人在21世纪应该过什么样的生活？住在什么样的房子里？多年来新装饰主义大师邱德光一直在思考这个问题，在他最近主持的杭州桃花源设计案中，有了最明晰、突破性的解答，他在中式园林的框架下，让中国情怀精神与现代巴洛克、Art Deco进行对接，也让其新装饰主义风格的成就达到前所未有的新高。

东方文化 · 现代时尚

现代中国人不能回到过去，过着古人的生活，既不便利也不实际，也不能把西方现代主义直接搬过来，过着西洋人的生活，而完全丧失中国固有的精神与文化，21世纪的生活不能回溯到15世纪的场景，也不能采用西方极简空间，否则都会发生巨大的冲突。正是这样的想法，让邱德光在杭州桃花源一案中，面对仿古的中国园林环伺的环境背景，没有把中国古典家具搬进来，也没有原汁原味地采用中国传统语汇，而是选择与现代生活对接。他从各种风格中筛选，采用新装饰主义语汇，同时由于位于杭州，文人气息重，所以他把西方现代巴洛克、Art Deco和中国文化历史艺术混搭，创造了一个既具民族个性、又兼容现代功能的生活空间。发源于东方灵感，并对现代国际生活诠释，这样的设计风格，是属于世界的。

走进杭州桃花源，外面是蜿蜒回廊、小桥流水、山水洞天、亭台楼阁，是中国园林精华的再现，是第一层的桃花源；里面有着西方现代主义的硬件形制、精雕细琢中国简约图腾的精神内在、西式壁炉对照明式圈椅，东西混搭至祥和境界，是另一层的桃花源。该案设定屋主为具世界观的收藏家，他收藏了中式园林，也收藏了具国际观的完好现代生活。

文人精神·世家气派

邱德光在杭州桃花源·西锦园锦二、杭州桃花源·中一项目中分别以现代巴洛克、Art Deco手法打造独一无二的东西方结合典范之作。

"杭州桃花源西锦园·中一"挑高的厅堂具体地把中国文化与现代时尚融合，既有典雅的中式明式官帽椅与案几，也有Fendi、Cassina等来自达芬奇家居的华丽西式家具。在黑金锋大理石、白色洞石搭构的背景基调中，展现一种时代感与明快感，黑白设色透过艺术品、建筑材质肌理，还隐隐透露出中国山水画的意境与灵妙，不经意间，巧妙地把中国式图纹窗框、地毯等元素融入，不但不显突兀，更显出当代中国雅宅的气度与品格。

风格独具的餐厅兼融大户宴客排场与中国文人意象，呈现出平衡典丽的意境。璀璨的水晶灯以中式鼎的造型打造，整面墙以中国语汇浮雕装饰。相同的氛围弥漫每个独立空间，沉稳气韵的书房配置宫灯造型的天花灯具和时尚复古的书桌椅；温闲秀雅的起居室配有图绘花卉图案的KENZO单椅，陈设诸如具东方灵感的当代变异水墨画；明丽卓然的主卧，有着典型Art Deco图纹壁面，天花板则以弧形打造包厢感，这一切都把Art Deco与新东方精神推向一个新境界。博大厚重的东方文化和简约明快的现代风格无缝对接，内敛优雅的文人精神和张扬外显的世家气派完美融合，是杭州桃花源的成功之处。

在邱德光的设计中，杭州桃花源潜藏了一个当代中国人的现代桃花源，把中国传统的园林精神传承下来，将诗化的情趣与意境的涵韵融糅成符合当代建筑美和自然美的新时尚，最终落在实实在在的生活之中。

挑高的厅堂，展现时代感与明快感，巧妙地把中国式图纹窗框、地毯等融入，显出当代中国雅宅的气度与典范。

餐厅兼融大户宴客排场与中国文人精神，糅合出典丽的氛围，以中式鼎的造型打造的水晶灯，尤为精彩焦点。

（左）起居室陈设诸如具东方灵感的当代变异水墨画、图绘花卉图案的KENZO单椅，透露出中西合璧的温闲秀雅。
（右）在黑金锋大理石、白色洞石搭构的背景基调中，展现一种时代感与明快感。

中一户型综述

玄关：

选用了COLOMBO STILE ／ SIP.ARR这个品牌的玄关柜，它是专门提供迪拜帆船酒店的家具厂商。为纯手工制作，此款是意大利艺术家的作品。地面的牡丹图腾与右侧的古香古色的装饰柜融合一体，Art Deco 的风格不言而喻，户型中的家具80%以上选用了达·芬奇的进口家具，同时可以看到Fendi的水晶灯也配合到了整个空间中，时尚和现代感很强。

客厅：

Fendi的沙发配上中式的案几，大叶紫檀用料极为稀有，同时右手边的明代座椅配上Art Deco古董座钟，有一种沉稳和内敛。在嘀嗒的钟声里我们忆古观今，传统而时尚的元素，壁炉上的装饰画是在原作的基础上经过现代装饰手法重新绘制的，两侧展示台上的装饰器物是典型的Art Deco风格饰品，出自于巴黎艺术家之手。同时Giorgetti的椅子配上中式的圆形角几，古今中外碰撞到一起的时尚火花。墙壁上用到的洞石也流露出自然之美。石材与古铜金不锈钢在一起构建出Art Deco的时尚氛围。

（左）既有典雅的中式明式官帽椅与案几，也有Fendi、Cassina等华丽的西式家具，为东西方灵感之结合。

（右1、2）桃花源中一墅陈设实景呈现。

（左、右）挑高的厅堂，具体地把中国文化与现代时尚相融合。

明丽卓然的主卧，有着典型Art deco图纹壁面，天花以弧形打造包厢感，把Art Deco发扬出新境。

图注：（左、右）卫浴空间。

起居室：

以舒适、自然的意境，衬托出现代、时尚之感。与窗外的园林景象形成呼应，一远一近，一虚一实，形成视觉和空间上的对比。

长亲房：

用到了Armani家具，躺椅，书桌。Armani家具诞生于2000年，简约大方的风格符合了邱先生倡导的新中式主义风格，并且可以看到很多中国元素在其家具中出现。床尾凳是Giorgetti的，床是美国品牌TOMS'，营造低调奢华的氛围，更衣间区域设有单独的化妆区，洗手间设计为双侧手盆，同时，淋浴区的门可以通向外庭院的泳池。

餐厅：

圆桌与穹顶的搭配张显空间的奢华，餐边柜是Fendi的，西厨区域的吧椅品牌是Lamborghini，餐厅与西厨贯通，热炒烹饪放在中厨进行。

书房：

书房与一层的其他区域不同，设置在廊道一侧，拥有独立的空间，书桌是Giorgetti的，从四个方向看都是不同的形态，主人在这里可以欣赏到窗外的苏州园林美景，犹如世外桃源般的仙境。

二层主卧：

墙面与顶面的手工编织皮革一气而成，延伸空间的视觉效果。主卧分为两个区域，休闲区和休息区，休闲区的沙发是Poltrona Frau，这一品牌专门制作沙发，已有百年历史，为Lamborghini设计内置座椅，单椅是Fendi的，电视柜是Armani的，主卧的更衣间分为男、女主人更衣间，穹顶的造型更凸显主人尊贵的地位。

二层阅读区:

位于一层挑空的客厅上方,是极佳的阅读区,由于处于廊道处,为了满足阅读功能,做了隐藏书柜,使其美观,中间的内龛挂有装饰画,增添了艺术氛围。

客房A,B:

客房A:运用了Giorgetti的床,Poltrona Frau的单椅。客房B:运用了Fendi的床、床头柜,Armani的化妆台(全球限量100件,此为第18件,内有Giorgio Armani的签名)。

这两个房间都是简约大方的设计,注重舒适感,简约而不简单,每个细节的处理上都可以看出品牌的不凡之处。

地下一层:

主要设有:休闲室,娱乐区,起居室,影音室,健身房,车库,佣人房等,在设计上地下区域主要注重了休闲娱乐功能,使主人在回家之后可以在此放松,娱乐。

图注: 沉稳气韵的书房有着宫灯造型的天花灯具、时尚复古的书桌椅。

休闲室以带有复古情调的Art
Deco风格,营造出众气质。

桃花源中一墅园景

在邱德光的设计中，杭州桃花源潜藏了一个当代中国人的现代桃花源，把中国传统的园林精神传承下来，将诗化的情趣与意境的涵韵融糅成符合当代建筑美和自然美的新时尚，最终落在实实在在的生活之中。

———————

桃源深处 诗意寻踪

杭州 · 桃花源锦二墅

圈椅布时尚巴洛克家俱
冲击出当代奢华生活空间

——邱德光

中国人在21世纪应该过什么样的生活？住在什么样的房子里？多年来新装饰
主义大师邱德光一直在思考的这个问题，在他最近主持的杭州桃花源设计案
中，有了最明晰、突破性的解答，他在中式园林的框架下，让中国情怀精神与现代
巴洛克、Art Deco进行对接，也让其新装饰主义风格的成就达到前所未有的新高。

东方语汇，民族情怀

现代中国人不能回到过去，过着古人的生活，既不便利也不实际，也不能把西方现代
主义直接搬过来，过着西洋人的生活，而完全丧失中国固有的精神与文化。在当代，
中国人如何居住在这样一个既饱含文人意象又不失舒适生活的中式建筑中成为杭州桃
花源的主要课题。位于文人气韵浓厚的杭州，面对仿古的中国园林环伺的环境背景，
邱德光没有照搬中国古典家具，也没有完全采用中国传统语汇，而是运用新装饰主
义与现代生活对接。新装饰主义有别于传统装饰主义的华丽张扬，讲究陈设和配置，
注重典雅与品味，没有具体的设计语汇，更加注重人文关怀，是近年来空间设计的焦
点，杭州桃花源即是对这种风格的完美体现。他把西方现代巴洛克、Art Deco和中国
文化历史艺术混搭，创造了一个既具民族个性、又兼容现代功能的生活空间。发源于
东方灵感、诠释现代国际生活，这样的设计风格，是属于世界的。

走进杭州桃花源，外面是蜿蜒回廊、小桥流水、山水洞天、亭台楼阁，这是中国园林
精华的再现，是表层的桃花源；里面则是西方现代主义的硬件形制、精雕细琢中国
简约图腾的精神内在和西式壁炉对照明式圈椅，这是东西混搭至祥至和的境界，是
内在的桃花源。该案设定屋主为具世界观的收藏家，他收藏了中式园林，也收藏了
具国际视野的完美现代生活。

桃花源锦二墅 外景

现代巴洛克风格展现客厅与玄关的气派，并又精心营造中国情调，创造温雅文气的氛围。

（左）玄关天花与地板同以绽放的花朵造型创造富丽之感。

（右）陈设既有明式家具，也有西方极简风格代表家具，还有中国风的Baker家具、融合两者的创新家具使东西方风格的完美混搭达到极致。

融贯东西，温雅而居

传统文化和现代生活并不是"此消彼长"的关系，只要运用得当，就能够碰撞出智慧的火花，进而产生巨大的设计能量，同理，西方风格和东方元素也能够和平共处，创造出独具特色、彰显个性的时尚空间。邱德光在杭州桃花源西锦园、杭州桃花源·中一墅分别以现代巴洛克、Art Deco手法打造独一无二的东西方灵感结合典范之作。

在杭州桃花源·西锦园，富丽堂皇又充满中国文人意境的客厅里，以金箔打造巴洛克穹顶、尊贵大理石柱绵延，黑色稳重的水晶灯震慑着格局，营造着大户人家的恢弘气势。而中国式图腾抽衍的绣花地毯、中国雕花般细腻的家饰陈设，则将满腔的中国情怀灌入其中。陈设既有明式家具，也有B&B、Cassina等西方极简风格代表家具，还有中国风的Baker家具、融合两者的创新家具使东西方风格的完美混搭到达极致。中式庭院的特点是窗景随时会进来，绿色随时会进来。为了对应户外碧波荡漾、扶木青葱的中式园林，设色则以绿色、灰白无色彩为主，并以大量东方底蕴的花艺衬里，流泻中国式的意境氛围，俨然一幅浓淡皆宜的青绿山水画。

在这样的空间里，若以纯然的中国古典铺陈，气质将会过于厚重，居住起来也会略显乏味，邱德光让所有机能现代化，又精心营造中国式浪漫，创造了一个清新脱俗，超然物外的世外桃源幻境。在餐厅与厨房呈现的开放空间是结合现代机能与东方灵感的绝佳批注。伴随舒适便利的西式吧台，现代化厨具、巴洛克风格家具则采

（左）玄关的富丽水晶灯，充满中国语汇的漆柜，为东西融合的祥和意境破题。
（右）餐厅以浮雕天花，呼应客厅以金箔打造的巴洛克穹顶，延续气派风格。

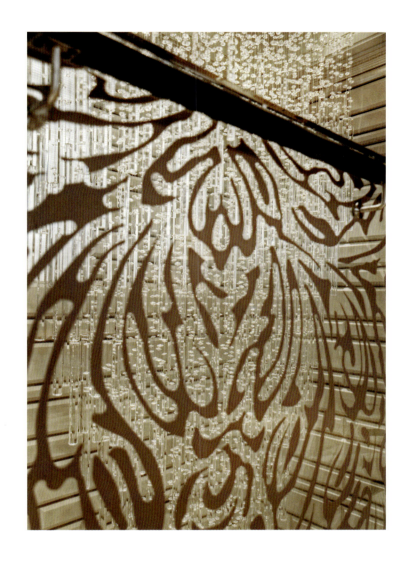

（左）餐厅与厨房呈现的开放空间是结合现代机能与东方灵感的绝佳批注。

（右）以繁复细致的中国式图纹雕花，呈现东西交融的和谐雅致。

（左、右）书房一脉相承东方与西方文化交遇的温柔典雅，游走于古典文气与现代时尚之间。

用中国山水画中善用的墨绿铺陈，墙壁以繁复细致的中国式图纹雕花，呈现东西交融的和谐雅致。

起居室、书房、卧房、房间外的玄关走廊，都一脉相承东方与西方文化交遇的温柔典雅，游走于古典文化与现代时尚之间，在东方的温雅上增加西方的生动，在西方的明丽之上添入东方的气韵，例如中国景泰蓝、瓷器、案几等，与西方的巴洛克单椅、抽象画、水晶灯等交糅混搭，形成东西兼容并蓄的独特魅力与气质，让具有国际视野与胸襟的现代中国人得以抒怀……

在邱德光的设计中，杭州桃花源潜藏了一个当代中国人的现代桃花源，把中国传统的园林精神传承下来，将诗化的情趣与意境的涵韵融糅成符合当代建筑美和自然美的新时尚，最终落在实实在在的生活之中。

主卧房融贯东西，温雅而居。

浩瀚星际 梦幻狂想

上海 · 闵行星河湾

加强空间的串连与大器，客厅与餐厅之间的过渡地带以黑色正金锋石打造廊柱，上宽下细并雕饰着图纹，加上米色意大利洞石墙壁，同让人感觉古典又现代、东西并置。餐厅以带有绿色的当代艺术画作安定空间，加上皮革材质墙面、墨绿色餐椅，既与客厅呼应也做了延伸。

起居室不减客厅的气度，成为多功能的交谊空间，以中国式画作搭配中国格栅变异的壁纸花纹，呈现典雅柔美气息，加上西式舒适沙发、中式花瓶瓷皿的中西混搭，成就一方中西合璧的当代Lounge Bar景象。

卧房仍是一番华丽风景，主卧以金色、黑色为主色，以非常豪华细腻的尺度打造，包括几乎与厅堂同等耀眼的金色水晶灯，床头柜采用前述品牌Baker的同位设计师作品。其他卧房设计也相当讲究，运用色彩鲜艳的备品做搭配，充满个性与设计感。

（左）玄关柜运用的是美国知名家具品牌，也是白宫御用品牌Baker作品，他们以漆画手法创作一件洋溢中国风味的作品。
（右）进入客厅，仿佛走入古代贵族的奢华房舍，华丽的水晶灯、金色雕纹的天花与线板，巴洛克时代的气息盛放至顶点。

（左、右）起居室不减客厅的气度，成为多功能的交谊空间，以中国式画作搭配中国格栅变异的壁纸花纹，呈现典雅柔美气息，
加上西式舒适沙发、中式花瓶瓷皿的中西混搭，成就一方中西合璧的当代Lounge Bar景象。

（左、右）巧妙地运用陈设的技巧，绿色、黑色为主的背景，点缀些许金色，透过颜色与比例原则搭配，让整体空间呼应与融合。

采用开放式空间, 书房与客厅融为一体, 更增添浓郁的人文气息。

奢华艺墅 恢弘典藏
北京 · 财富公馆

神秘哥德风师气豪光

2010年，中国已成为全球艺术拍卖成交额最高的国家，同时与世界艺术中心俨然成形的议题即是许多具有艺术收藏品味的成功人士如何收藏其艺术品、是否有足以匹配的高端住宅空间得以收纳并凸显其艺术生活与美学价值。北京住宅案例财富公馆——设计师邱德光的代表作品之一，就是出于这样的使命打造的私人收藏级博物馆。邱德光以欧洲古典元素为基础，以现代时尚作变异，变幻出一幢前所未有的哥德式时尚巴洛克住宅。

邂逅古典，飨宴宫廷

古典和当代、东方和西方的融合是经久不衰的设计议题，也是难题，需要设计师具备高深的文化品味和丰富的知识阅历，否则只能是牵强附会。中规中矩的成套家具俨然不符合当今人们求新、求变、求自由的心理需求，自由混搭才体现设计师的设计功力和时尚品味。

走进财富公馆，仿佛亲赴一场艺术宫廷飨宴，迎面而来的是三进式的讲究入口，古典气息扑面而至；华丽气派的回旋双梯设计唯有在城堡和欧美博物馆中得以拥有，让空间的张力无限扩展，彰显出住宅的雍容气度；精雕细琢的穹顶仿佛天堂，让人在仰望之间，迷失其中；装置艺术式的水晶灯直泻而下，与米白色的墙壁遥相呼应；透明且装饰中国式花卉图纹的玻璃扶手嫣然展现，增加了空间的通透感和时尚感；贯穿两层楼的细腻梯间大理石墙雕刻，古朴典雅；四根黑云石打造的希腊罗马式柱鼎立，既传达出庄重肃穆的氛围，也蕴含着隽永高雅的情致；嫣红的复古沙发巧妙点睛，与周围环境形成视觉上的强烈反差，创造出一个独一无二、融合古典与当代的仪式性空间，宛如老上海风华再现。

在梯厅与客厅之间的过渡地带，设计师全力打造出一座非同一般的私人艺廊，成为屋主收藏、鉴赏、展示其艺术品的独有空间。银箔穹顶、棋盘街廊图案的大理石地板以延伸两层楼的气势营造出尊贵且优雅的艺廊空间，充满人文艺术氛围，衬托出艺术品的珍贵价值。

客厅以时尚的黑色与白色为主，与蜂巢状的金色天花形成对比，沉稳中带着不羁和率性；

名牌家具如Versace、Fendi、Bernini等打破成套的方式创意陈设，自由中暗含秩序，随意中讲究规则，艺术感和时尚感并存，打造出不落俗套的华丽客厅。开放式空间的营造需要巧妙的设计手法，通透却不透明，简约却不简单，所以在空间的安排、材料的选择、气氛的营造上面都需要费心尽力。为了创造通透感，设计师在客厅去除墙面阻隔，并以带有精美花纹的玻璃门形成间隔，创造出客厅与餐厅、起居客厅之间的开放式空间。如果说客厅是彬彬有礼的优雅绅士，起居客厅则像纤美时尚的贵妇，空间内优雅的壁炉、菱格纹的天花、细致搭衬的艺术品等，足以让时尚人士爱不释手。

破立之间，臻于完美

在进行室内设计之时对于建筑空间做出修改，以打造最完美的居住空间，是对室内设计理念的创新与延伸。

对这幢高起点定位、高规格谋划、高品质打造的住宅进行室内设计的时候，设计师将原来的建筑空间做出修改，以臻艺术收藏价值最完美境界。地下一楼拥有让人惊艳的私人休憩设施，包括Lounge Bar、泳池、Jacuzzi池、SPA空间、健身房、电影院等。其中设计师以时尚光泽的马赛克砖打造的泳池最为华美，灵感来源于罗马浴堂，立于其中，脑海里不禁浮现出当时不论男女皆裸体而浴的社会场景。泳池旁的罗马式柱傲然临立，上方更是玉石灯柱，既具功能性又兼备壮丽的视觉效果；泳池旁更以瀑布造景增加自然趣味。而卧房区以挑高穹顶的设计，拥有一般卧房所无法企及的磅礴气势；主卧天花顶端则以全白打造，营造出典雅梦幻的另类天地。

从门厅到收藏室的过场中，精致的做工衬出主人的高度与深度，是设计师为顶峰的主人量身打造的精彩空间。

玻璃透明的穿透，有着锐利无碍的视觉，也同样彰显出另一种简洁的现代风，但独特的图腾却又让这座客厅顿时丰富了起来。

（左）这是书房后的收藏室，再配置上的连结，自然地展示主人的生活品味。
（右上、下）位于二楼的主卧室延续空间的细致更多了一分舒适。体现科技的现代
化，更有充满人文艺术的氛围。

书房也可以是接待室，当做客于
此，敬慕之情油然而生。

地下室的私人独享专用游泳池, 当然得和整座公馆的气质一致, 从讲究的铺面和视觉呼应, 或许让人有生活当如是之叹了。

皇家风范

北京 · 霞公府

向紫禁城致敬

——邱德光

在设计师邱德光最新的作品北京饭店住宅案"紫禁之巅"中，特别贴合当下的趋势，把属于紫禁城的皇家风范与尊贵地位，透过融入中国艺术与文化元素，创造一种当代中国的高端住宅氛围与环境。

北京饭店住宅案"紫禁之巅"中，呈现的是中国式巴洛克和中国式Art Deco风格，邱德光在融合上花了相当多的心思，例如把巴洛克的线板做了变化，让它变得既具有中国传统文化元素，但又是简洁的风格，可以融入现代生活的节奏与习惯。让钟爱中国传统文化内涵、又喜欢西方现代风格的高端屋主，不会被硬邦邦的巴洛克局限，又可在居家生活陈列中国古董，让住所展现"龙"的气势。

在"紫禁之巅"一案，甫入玄关的大理石石材地板上，龙的形象跃然其上，采用黑色勾勒出龙的形象，米黄色描绘出祥云；天花悬挂的是水晶灯，墙壁以时尚炫彩的马赛克拼贴，深色玄关柜、椅子是巴洛克式的但带有东方色彩，在黄色中国皇族色系的基调上，铺陈豪宅大户的地位与层级。

此案在行进动线规划上，采取双玄关，区隔公共和私有通道，也划分出公共空间和具私密性的卧房区。双玄关的设计犹如双龙盘踞，内层由黑色金锋大理石打造，外层由白色意大利洞石砌成，并以镜子映现，地板的龙耀升至天花，展现绵延的气势，更具相辅互补的调和与双衬的美感与力度。

在居家陈设方面，处处交糅中国与西方、传统与现代，邱德光也特地为家具、家饰品费心搭配，有些作品则采取量身订制。

以客厅来说，西式形制的巴洛克客厅，里面陈设中国九宫格柜，典藏中国古董收藏，家具采取混搭，既有西式沙发，也有中式风格单椅、具东方情调茶几，天花板具有传统中国古典元素但被简化，水晶吊灯、地毯也都与之呼应，开放式书房同时为简单的会客场所，即便是书挡，其浮现的中国文化图腾，尤显细腻与精巧。

在餐厅中，更展现时尚巴洛克的当代中国意象，中国式图腾巧妙地潜藏在天花、法式餐椅等里面，但晶莹剔透的玻璃、镜子与钢琴烤漆的材质，不但让古老厚重的中国文化元素在此变得轻盈，更为整体环境包覆一层时尚外衣，是当下最流行的作风。

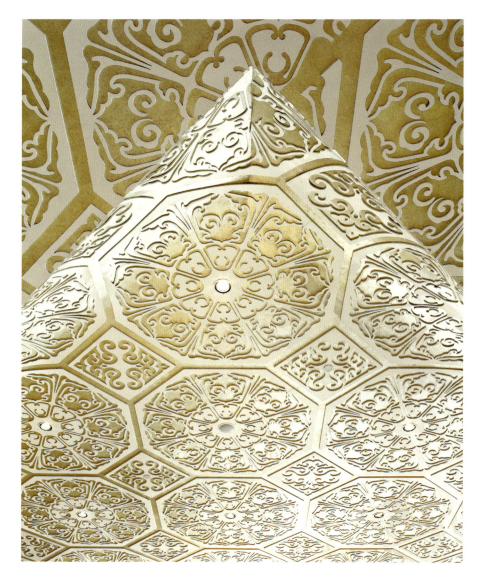

（左）霞公府的大堂天花呈现出细腻与精巧的中国文化图腾。
（右）玄关的大理石石材地板上，龙的形象跃然其上，天花水晶灯，时尚炫彩的马赛克拼贴墙壁，与带有东方色彩的家具陈设相呼应。

霞公府大堂及细节呈现。

（左、右）双玄关区隔公共和私有通道，划分公共空间和具私密性的卧房区。双玄关的设计犹如双龙盘踞，以镜子映现，地板的龙跃升至天花，展现绵延的气势，更具相辅互补的调和与双衬的美感与力度。

在居家陈设方面，处处交糅中国与西方、传统与现代，邱德光也特地为家具、家饰品费心搭配，有些作品则采取量身订制。

在餐厅中，更展现时尚巴洛克的当代中国意象，中国式图腾巧妙地潜藏在天花、 法式餐椅等里面， 但晶莹剔透的玻璃、镜子与钢琴烤漆的材质，不但让古老厚重的中国文化元素在此变得轻盈，更为整体环境包覆一层时尚外衣，是当下最流行的作风。

开放式书房同时为简单的会客场所，即便是书挡，其浮现的中国文化图腾，也尤显细腻与精巧。

古今交辉　璀璨风华

上海·闵行星河湾酒店

梦幻之游于星河酒店

——邱德光

继广州星河湾酒店等成功酒店设计案例后，邱德光又推出酒店新作——上海·星河湾花园酒店。他以星河梦幻花园为主题，华丽旖旎，融汇东西。

艺术花园，"天后"梦境

今天，设计、艺术和时尚之间的界限越来越模糊，在这样的模糊地带中，设计师得以自由地将各种元素进行整合、利用，在精雕细琢和精心搭配中探索设计的无限可能。

走进挑高近12米的上海星河湾花园酒店大厅，仿佛进入了一座梦幻花园：宇宙般的穹顶、花园式的亭台，配以水晶玻璃、银箔、镀钛金属打造出令人心中油然起敬的浩瀚华丽；四根云石柱擎天撑起，柱子上雕刻着纹理细腻、攀延天际的藤蔓，代表宇宙的无限延伸；水晶吊灯化为从苍穹降下的梦幻花蕊，至柔至美，出神入化的工艺让人为之赞叹！

对应穹顶的是在花园中梦游的"天后"，邱德光特别邀请雕塑大师杨柏林创作"星河皇后雕塑"，以不锈钢材质抽象打造的"天后"带着皇冠，以雍容华贵的姿态漫游仙境；华美的地面大理石拼花也呼应着宇宙的景象，吸引来宾一探究竟。

正对"星河皇后"的方形酒店柜台，与圆弧状穹顶、天后形状不同，表现出宇宙的方圆之间，画龙点睛的鲜艳色彩更是加深戏剧效果；悬挂的中国当代艺术家作品《三十六行》，绘画着三十六个不同行业的人物，意味着"任何人都可入住梦幻酒店"的迎客之道。

进入酒店客房区前，伫立着两尊迎宾雕塑，他们分别是"时尚巴洛克国王"和"时尚巴洛克皇后"，同为杨柏林的创作。在他们身上，既有当代雕塑的简洁时尚感，又有非洲雕塑的超自然魅力。

而在这一切之上的，是远眺梦幻花园的"天后"阳台。它以时尚的钻石菱格纹打造，仿佛进入英国王室的私邸。在此，宾客可以居高临下，尽情欣赏花园的华美与细致。

西式家具、梦幻雕塑、欧式柱体、地面图腾，构成梦幻花园的繁复亭台楼阁。

雕画繁复的漆柜，旁边摆设着邱德光创作的"雲"椅系列，尽显迷人风情。

自由混搭，匠心独具

在大厅的角落，宾客的等候与休息区，东方与西方意向交融，中式与西式家具混搭，铺叙为一座风格隽永、魅力独特的私人花园，远看仿佛一幅浪漫迷人的风情画卷。在白色时尚菱格墙面的背景下，花团锦簇的中式图案地毯与青花瓷摆饰遥相呼应；而现代与古典的和谐对话，则相映成趣。雕画繁复的漆柜旁边摆设着邱德光创作的"雲"椅系列，仿佛身穿晚礼服的仕女，身姿曼妙、充满意趣。激光切割的图纹是礼服精致的镂空，与椅垫脱离而悬空，自成结构体，加上西式沙发灯具，风格迥异却毫不做作，自由混搭遂浑然天成。

所有的中式家具都是由邱德光设计事务所精心打造，其他则都是从世界各地挑选的设计师名品家具，例如西班牙鬼才设计师Jaime Hayon个性强烈的红黑色椅、法国设计大师菲利浦·史塔克（Philippe Starck）为XO设计的凳子"僧"（Bonze）、北欧家具设计大师Hans J. Wegner的经典椅、近年声名鹊起的土耳其设计家具品牌Autoban的鸟笼椅等，这些家具由于混搭得宜，使得整个空间充满趣味。

客房的设计也不同凡响。一方面，它们有着一般酒店客房所少见的精致细腻；另一方面，则在整体上呈现出当代中国风格。家具、图腾、艺术品采用中式，设计上大胆而做工精致，例如床背板软包的设计延展了整个房间。一模一样的背板钉扣，采取不同材质，显得简洁利落，兼具时尚气息；贴饰金箔的天花，装饰有花卉图案的地毯，到玻璃、木桌，甚至是镂刻雕花栅栏的阳台，乃至书房，皆展现出低调奢华的迷人气息。

东方与西方意向交融，中式与西式风格混搭。上海星河湾花园酒店在邱德光的巧妙设计下，对于各种元素和风格的兼容并蓄，仿佛是对于历史的幻想与重构，最终呈现给观众一个独具匠心、意趣盎然的漫游仙境。氤氲胸间的浪漫主义情怀久久不散，带领你走进一个触手可及的梦幻花园。

宾客的等候与休息区，东方与西方意向交融，中式与西式家具混搭，铺叙为一座风格隽永、魅力独特的私人花园，远看仿佛一幅浪漫迷人的风情画卷。

（左）酒店柜台的中国当代艺术家作品加深戏剧效果。

（右）正对"星河皇后"的酒店柜台，与穹顶、天后的圆弧形对立，表现了宇宙的"方圆之间"。

大厅采用许多设计师名品家具，由于混搭得宜，更加彰显了他们的个性与独特。

（左、右）宾客的等候与休息区，东方与西方意向交融，中式与西式家具混搭，被经营为毫不马虎、魅力独特的私人花园。

247 / 新装饰主义 * 代表作

（左）在酒店客房区前，伫立着两尊雕塑迎宾，是由杨柏林所创作的"时尚巴洛克国王"、"时尚巴洛克皇后"。
（右）不同角度的酒店大堂，都围绕星河梦幻花园主题，华丽旖旎，融汇东西。

"轻"饰流年 致青春

上海·盛世滨江A户

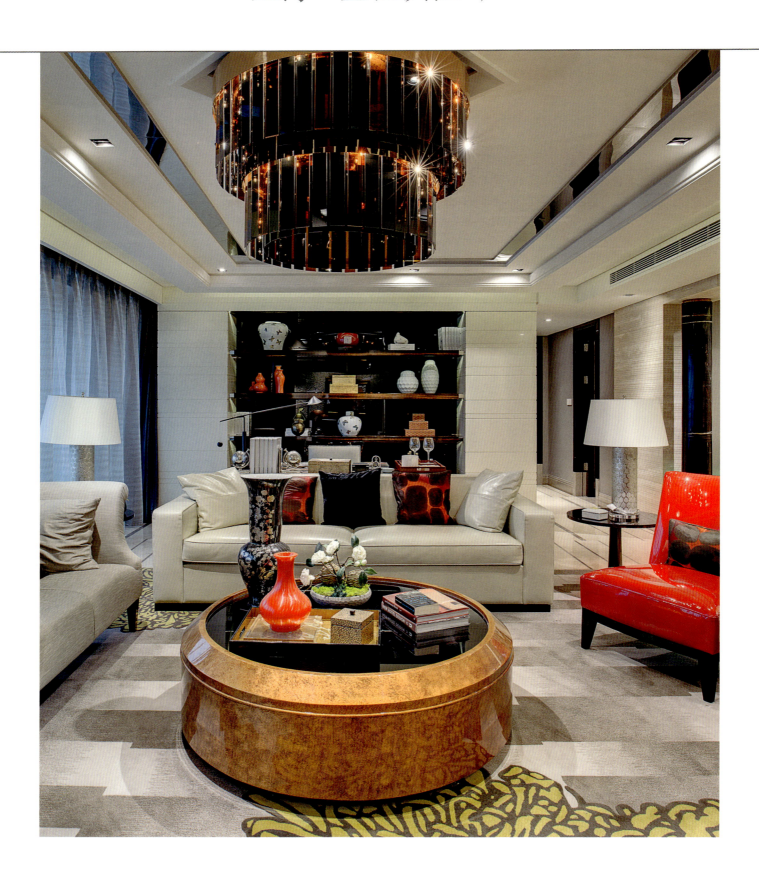

好．致江景南克实生活
渾然天成！营造出
時尚 Are Deco 生活品味．

——邱德光

繁华落尽处归素雅, 喧嚣寰宇中寻静谧。在车水马龙, 灯火炫目的国际大都市上海, 欲求觅得一处生活的舒适广角, 寂静、悠然两元素不可或缺。筑于外滩之上的盛世滨江, 像是毗邻秀水的心灵驿站, 静动交织间拼凑一幅绚烂的时尚图景。为时尚生活作注, 艺术家笔尖流露出的美学意境总是为渴求温暖的人们几分慰藉。在此次由邱德光为其演绎的四重空间中, 这个空间是邱德光致敬青春的一场诗会, 轻舞时尚, 隔江吟咏。

把握都市脉搏, 体察审美趋向, 邱德光喜欢以现代时尚剪裁大师之名自居, 来为生活制造美丽的梦幻衣衫。大概是经历太多世事的缘故, 当制作和品尝过无数次华丽而繁复的时尚装饰"盛宴"后, 邱德光希望重新捡拾起被遗忘的青春时光, 在轻而醇的装饰时空中, 再次演绎时尚Art Deco的另类之美。

如何捕获"另一类(年轻群体)消费者"的芳心, 邱德光在新装饰主义美学的结构框架下, 不断寻求着新的共鸣。时尚、中国、艺术, 任凭流年轮转, 总归是青春时期的人们不曾遗落的珍贵宝藏。通过在整个居住空间的精心铺排, 邱德光凸显年轻化与个性化的设计语汇, 在一气呵成的流畅时空中, 映照出时尚家居艺术的别样奢华之感。

"因为深知黄浦江与外滩对于上海这座城市的意义, 我们力图将最大的手笔留给滨江的视野。这是我的设计初衷, 也是对黄浦江的敬意。"贯穿于设计始终, 邱德光不忘嫁接天然美景, 让极致的江景与真实生活浑然天成。而客厅的整体设计布局, 就因窗外浩荡的江水而意蕴浓深。

黄、黑、红三色构成了客厅区域的奇妙序曲, 稳重中不失跳跃, 吟诵中不失高扬。客厅足够要求的挑高, 让邱德光敢于大胆加入线条俊朗的矩形吊顶, 层与层之间的套嵌, 无形之中将空间的气韵提至高处, 通透畅达之气由此而生。圆形吊灯代表了邱德光典型的Art Deco复古之风, 与散发着幽幽金铜色光芒的圆形茶几相辉映, 上、下之间传达出东方文化的朴润与精巧。

在刻意简化软装的设计思路引领下, 两张亚黄色沙发被设计师安静地置于客厅中央, 像是年轻人身上难以脱去的稚嫩、洒脱之风，轻盈和自在。而一旁的朱红色座椅，则是设计师对于居室美学的一次匠心独运。它象征着青年群体火热的生命力和高涨的热情，鲜亮的座椅皮质能够让每一颗原本疲乏的心房为之一颤。而地板上铺垫的一块不规则黄色织毯，有了流动、奔腾之感，让静谧的空间顿时生意盎然。毫无隔阂的书房与客厅，不仅实现了空间格局的豪迈阔达，也让这方人文气息浓厚的小天地随着生活的律动而多彩多姿。

由客厅转入餐厅，安静的曲调在此绵延至心的深处。横竖线条交错的墙面装饰，不禁令人联想到中国传统的镂空技艺，错落有致，让白色的空间主色调不再呆板、哀沉。椭圆形餐桌，丰富了空间的线条式样，在复古与前卫中，调和出一种新装饰主义特有的装饰咏叹调。打破静谧的还有墙上那幅装饰画作，在淡紫与金黄的色彩撞击下，为居住于此的青年群体营造出极具审美个性的生活场景。

临江而憩，这是令人梦寐以求的生活愿景。而在这座因江而生的现代生活小区中，这份想象便有了存在的真实依据。邱德光为配合卧室特有的270°弧形玻璃窗，为床具寻找到了摆放的最佳角度。圆形的吊顶，将一束束柔光围拢，烘托出温馨、梦幻的美妙场域。两盏低垂至弧形小柜之上的玻璃圆灯，因其夸张而独特的轮廓造型，让睡梦前的思绪归至此处，化作一个圆点。与床背欧式的背景墙相对，厚重古朴的木质边框内，一幅极具东方审美情趣的兰花水墨画，让东西方的文化气韵再次相通，混搭出一番幽香、恬静的现代都市风韵。

（左）黄、黑、红三色构成了客厅区域的奇妙序曲，稳重中不失跳跃，吟诵中不失高扬。
（右）圆形吊灯代表了邱德光典型的Art Deco复古之风，与散发着幽幽金铜色光芒的圆形茶交相呼应，上、下之间传达出东方文化的朴润与精巧。

（左上）毫无隔阂的书房与客厅，不仅实现了空间格局的豪迈阔达，也让这方人文气息浓厚的小天地生活着生活的律动而多彩多姿。

（左下）开放式书房承袭客厅的当代中国文人气息。

（右）书房书桌的局部陈设

（左）椭圆形餐桌，丰富了空间的线条式样，在复古与前卫中，调和出一种新装饰主义特有的装饰咏叹调。
（右）墙上的装饰画作将静谧打破，淡紫与金黄的色彩撞击下，为居住于此的青年群体营造出极具审美个性的生活场景。

（左）270°弧形玻璃窗，为床具寻找到了摆放的最佳角度。
（右）两盏低垂至弧形小柜之上的玻璃圆灯，让睡梦前的思绪归至此处，化作一个圆点。

万国"艺"韵绕雕梁

上海·盛世滨江B户

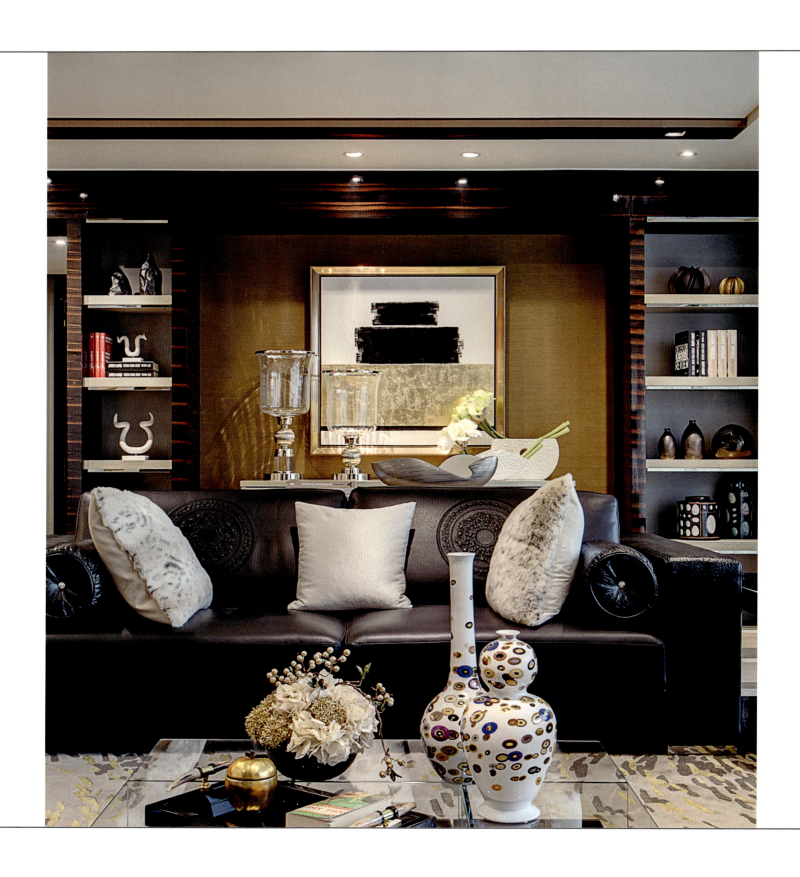

以国际潮牌名素材
创造混搭式生活空间。

——邱德光

为中国的顶级豪宅定义品位和气度，漫步于世界装饰艺术丛林中的"东方墨客"邱德光，巧用一双善于、捕捉美的眼睛和兼容并蓄的设计情怀，在文化与灵韵的双重坐标系下，创新构建着吻合于东方美学的精神宫殿。

为盛世滨江的四套样板间设计艺术范本，邱德光将其津津乐道的时尚巴洛克以及Art Deco等充满华丽、时尚艺术气息的设计元素升华至新的秩序。在B户中，邱德光将极具东方气韵的家居摆设，与Fendi、Cassina、Amarni、Versace等世界顶级家具品进行创造性融合，并被邱德光形象地比作"家具联合国"。家具品之间的灵性互动，碰撞出万国"艺"韵绕雕梁的曼妙意境。

在200平方米的空间格局中演绎新装饰主义美学，邱德光懂得在恰当处抚慰心灵。步入畅达的客厅区域，规整利落的线条感让纷飞的思绪被瞬间收拢，陷入装饰艺术散发出的神奇引力中。在银白龙石材、莱姆石材铺就出的空间中，充满光泽感的画面被黑、红、浅青等三组风格迥异的皮质沙发大面积充斥。在客厅这三者间的对话中，零落有致地述说着时尚生活本该具有的个性化语汇。茶几之上摆放着两支花瓶，线条各异却又性格统一，与浅灰色波点地毯的一唱一和中，营造出比例恰好的和谐之感。

黑色沙发后的白色中式横几被设计者悄然融入这场跨界混搭的艺术博览会中，以东方意蕴为中心，四周环绕的西方艺术语汇，只是为反衬出这件艺术精品的低调性情，调和着空间的音律与色彩。东西两侧的背景墙面，是典型的邱德光式装饰式样，黑檀木皮为底色墙面配以线条夸张的艺术画作，艺术与奢华的视觉冲击感，呼之欲出。一幅树叶铺陈而出抽象的图案，在Amarni家具的衬托下，其精准恰当的比例可称作是天作之合。

餐厅雍容瑰丽，很大程度上得益于那盏晶莹光亮的水晶吊灯。作为画面的视觉中心，高亮度的光线将暗灰色的墙面、吊顶、桌椅摆设等全部包裹，让围桌而坐的你我在明朗的心境中，体会一段独有的惬意时光。此时，专属于邱德光的"雲"系列家具再次浮现出视野之中，两件采用激光切割和金属材质打造而出的艺术作品，与中国功夫的传神意象相拼接，一股行云流水般的时尚之风吹拂空间每一个角落。

一主一次两间卧室，被设计者用两种轻、重不同的新装饰主义风格尽情挥洒和演绎。推门而入主卧，典雅华贵的现代气息迎面袭来，米黄色与深灰色的同比例调和，使得格局气度落落大方。通过铺满墙面的个性纹路营造出的沧桑历史感，是为了彰显居者的沉稳性情。而代表东方品格的纯净莲花，则表达出豁达旷逸之人所应具有的处世之态。与主卧的厚重古朴相异，次卧的恬静怡人则让人无限冥想。西方复古的银色菱格纹床具，与背景墙面上布满的方圆形图案相互交融，素静中透露出卧室主人对于生活品质的精致把控。窗前一架简约、小巧的梳妆台，是设计者有意将对镜梳妆、凝神窗外的动人场景植入主人的真实生活之中，从而升华内藏于心胸的雅致闲情。

（左）步入畅达的客厅区域，规整利落的线条感让纷飞的思绪被瞬间收拢，陷入装饰艺术散发出的神奇引力中。
（右）茶几之上的两支花瓶与浅灰色波点地毯，营造出比例恰好的和谐之感。

（左）东西两侧的背景墙面，是典型的邱德光式装饰式样，黑檀木皮为底色墙面配以线条夸张的艺术画作，艺术与奢华的视觉冲击感，呼之欲出。

（右）餐厅雍容瑰丽，光亮的水晶吊灯作为画面的视觉中心，高亮度的光线将暗灰色的墙面、吊顶、桌椅摆设等全部包裹，让围桌而坐的你我在明朗的心境中，体会一段独有的惬意时光。

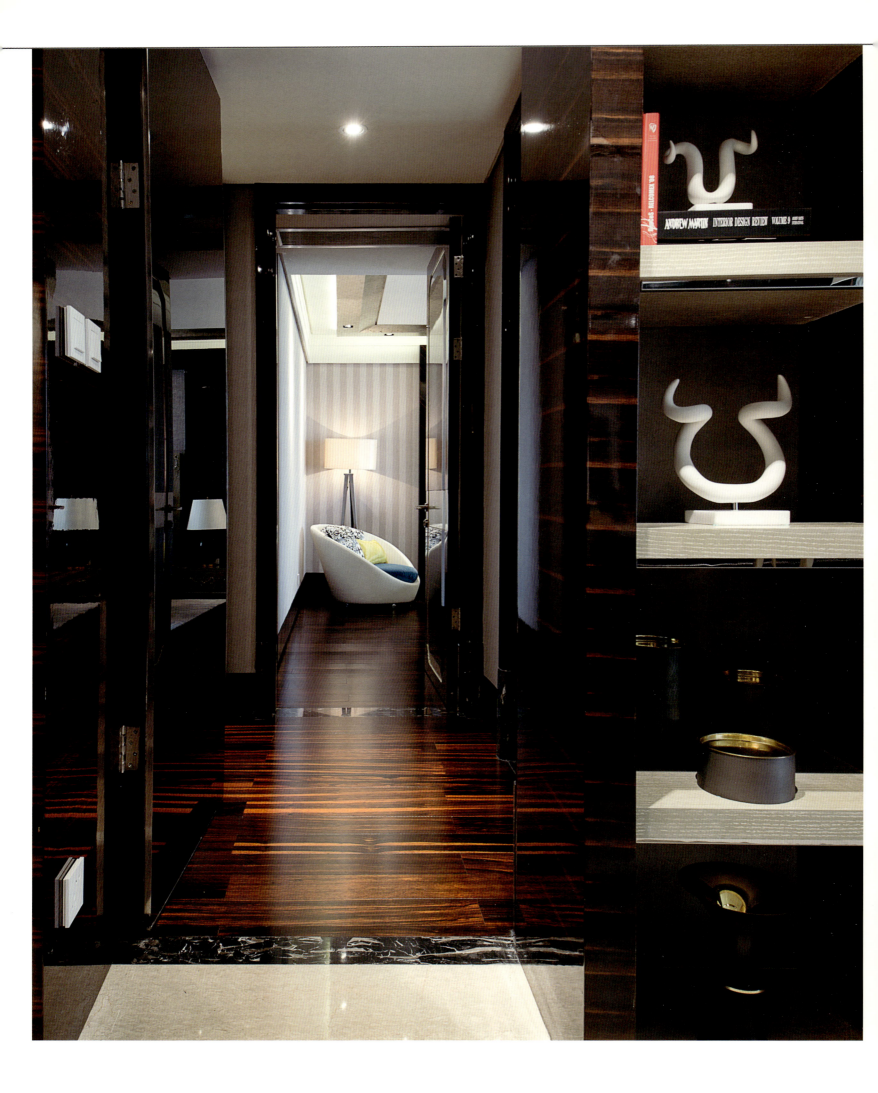

（左、右）推门而入主卧，典雅华贵的现代气息迎面袭来，米黄色与深灰色的同比例调和，使得格局气度落落大方。

设计中哲思 梦境中游弋

台北·邱德光设计师事务所

誰说创意办公室

不缄如此梦幻

——邱德光

走进邱德光设计师事务所新办公室，现代极简的设计空间加上风格强烈的当代艺术陈设立即攫取观者的目光，冰冷的办公室顿时化为充满创意与想象力的艺廊，仿佛徜徉在现代都会空间中的梦幻海洋。

跳脱框缚，虚实游走

做室内设计，艺术品的选择至关重要。与环境氛围、气质相契合的艺术品仿佛是神来之笔，起到画龙点睛的效果。Moooi久负盛名的马造型立灯，在邱德光新办公室中，扮演着梦想的入口。以梦为马，代表了冲突、张力、梦想的探索。邱德光设计师事务所天马行空、多元风格的创作，正是其企业精神，已然跳脱一般设计师事务所的范畴，做的是"生活的设计"。

长期以来与艺术家合作，也收藏艺术家作品的邱德光，在此创造了一个饶富当代艺术思考的设计空间：探索着东方与西方之间的关系，也游走于现实世界与虚幻梦境之间，既有古典语汇也有当代艺术，既是幻象又是生活。

色彩鲜明、意旨互为指涉的当代艺术作品及设计名家作品，以装置艺术手法陈设在办公室空间内，既彼此呼应，也互为冲击，形成戏剧性张力，让单调的现代主义办公室焕发生命力。

玄关中台湾艺术家杨柏林的雕塑《四季风华》，与中国当代艺术家崔道勇的〈杂念〉，以造型上的雷同取得交集；Moooi的马造型立灯与会议室悬置的吊灯锋芒交会；油画作中的艳红与设计名家Konstantin Grcic的经典之作"CHAIR ONE"、设计大师Philippe Starck的当代明式椅共同成为点睛要角。在此空间设计的混搭延伸为装置艺术的创作，即创作之外的创作。

邱德光创造一个饶富当代艺术思考的设计空间：探索着东方与西方之间的关系，也游走于现实物质与虚幻梦境之间。

设计生活，追逐梦境

设计师是做梦之人，也是人类的造梦者，他打造一个"Fantacy"，让人心甘情愿、不忍出来。因此，办公空间的室内设计也要摆脱千篇一律、缺少变化的陈旧理念，而采用具有创新性、启发性的设计手法，让思想不受限制，让灵感自由迸发。

瑞典设计团队Front创作的Moooi的马造型立灯，由于与实物比例同等大小的大胆设计，让空间显得有趣；由大芬村出身的原创艺术家代表崔道勇，他的画作经常反映人在现实中的冲突性，被负十字架又腾空的画作主角，尤其让人感受其虚幻本质与矛盾。马造型立灯、崔道勇画作拥有同样的戏剧性张力与冲突性，作为空间中最醒目的主角，也体现出虚幻与梦境的创作主旨与特色。

当代艺术的思考回荡在空间中，里面有艺术家自己对作品的解读，还有设计师对艺术家作品的解读，更有所有到访观者自己的解读，思想的弥漫让空间有了温度、有了深度。

透明玻璃会议室是空间中的虚实量体，也是梦境与现实的投射交会点，玻璃、投射灯的反射，让光影的变化万千，虚虚实实之间，更添梦境的迷幻与深邃。

办公室中央的天花顶灯，既像手术台上的探照灯，也像异境的巨大幽浮，以新媒体艺术般的身影，呼应着办公室的当代艺术创作轨迹。

现代简洁的办公室，灰黑色调像极都市丛林，书架、办公桌间的秩序与距离，都恰似都市里的建筑空间。然而就在这般理性、以至失去了血色的环境里，主墙面的两幅女性艺术家作品，让细腻、柔软的女性思维，渗透巨大的冷硬势力，而最终达到了人性的平衡点。

梦想让办公空间不至于僵化冰冷，也让设计师的梦天马行空，自由飞翔。"设计师就是做梦的人，连做梦时都在做设计"。邱德光如是说。

透明玻璃会议室是空间中的虚实量体，也是梦境与现实的交汇点。

台湾艺术家杨柏林的雕塑"四季风华"，与中国当代艺术家崔道勇的"杂念"，以造型上的雷同取得交集。

至简挚爱 以梦为家

青岛小镇·邱德光之家

傍山傍水，居起看云去
是休閒還是工作，是生活？

——邱德光

新装饰主义大师邱德光应"青岛小镇"之邀，首创设计"邱德光之家"，打造他梦想中的理想居所，和他以往一向打造的华丽豪宅不同，"青岛小镇·邱德光之家"占地900平方米，拥有摄人的气势，但更显时尚简约，因为这就是他本人最喜爱的风格！邱德光表示，他所推广的新装饰主义是最适合当代中国人的空间风格，它融汇中西、横跨古今，从巴洛克、Art Deco、新中式到简约风格，都可以混搭表现，体现着设计师自己的生活态度。

海天一色，简约致远

日光倾城的海滨城市青岛依山环海，素有"东方瑞士"之美誉。而"青岛小镇"位处小珠山，毗邻珠山公园国家森林公园，面向太平洋，是青岛著名度假区，不但海景视野开阔无阻，还规划有植物园，具备运动、健身、养生等综合休闲和生活功能的养生园等。"邱德光之家"兼具其绝佳的背景优势，地处山海之间，仿若是水天相接的那一抹蓝。他以海洋、山岚等自然元素为依托，发想出优雅清新的时尚简约风的主题创意，但又处处打上邱德光的烙印，即内敛低调的奢华中，潜藏着充满细节的精致质感。大自然仿佛是一个取之不尽、用之不竭的资源宝库，也是设计师寻求灵感的重要来源。

挑高两层楼的客厅，捕捉了山、海的灵气，体现出"海纳百川，有容乃大"的博大气象；从天花板而降的水晶吊灯宛如山中缥缈的云彩，其透明的颜色、不规则的形状、高难度的制作工艺为空间增加灵动气息；仿同自然的粗糙面木化石墙面、大理石柱、卡希纳（Cassina）等品牌的当代简洁沙发、如同雕塑般的黑色悬吊式壁炉以及运用大地色系的家饰让空间在肃静中充满典雅气息；细腻着笔量身订制地毯彰显设计师品味，与在光影的穿透中产生变化的窗帘一起，共同构筑出如同山水画般层次分明、但又充满现代感的生活空间。除此之外，来自海洋的气息则通过邱德光设计的蓝色"雲椅"系列以及当代中国的蓝色调泼墨抽象画等画龙点睛地跃然呈现，让空间更充满生气。

值得一提的是，邱德光设计的"雲椅"系列不仅与空间里充满的自然气息遥相呼应，其自身也融合传统文化意象和现代设计理念，是对于中国传统文化的当代演绎。

寄情山海，品享时光

"邱德光之家"根据各个空间的功能不同而采取风格多样的设计手法和设计元素，创造了空间的多种可能，为设计师们打造一个可以度假工作的"Dream House"。楼高四层，既可成为度假的完美空间，也可提供创作环境所需的功能性；既可独自享受轻悠，亦可与三五好友小聚，畅叙幽情，可谓是企业家、专业人士、设计师的梦想之屋。这样的设计，才符合邱德光的理想，即一边沉浸于梦幻的山海美景，一边汲取自然养分创作。

一楼开放式书房承袭客厅的当代中国文人气息，餐厅则提供了中西两式的选择，既有华贵圆满的中式餐厅，又有充满自然气息的欧洲乡村风西式餐厅，满足了正式宴客的场合需求和在融融日光下随意闲适的用餐愿望。中式餐厅以艺术品装饰，西式餐厅设置原木质感的窗区，开放式厨房和吧台，自然风与现代感兼具。

二楼起居室、三间客房延续低调奢华的设计理念。三楼的主卧、工作室、收藏室与大面积的浴室，则是邱德光的秘密基地。他可在Art Deco风格的主卧休息；也可与世界各地合作伙伴连线，在工作室画设计图、开会讨论；也可在最享受的浴室中完全放松，这间专属浴室相当梦幻，原木材质洋溢北欧度假风，四周都是窗户，正中央摆放灰洞石浴缸，地面、墙面也都以同一系列灰洞石打造，让人宛若置身于大自然的怀抱中，充分沐浴在海浪声声与山光云影里。

四楼起居室也是画室空间，还有大面积的露台，因为邱德光的太太很喜欢画画，所以他设计了一个这样的桃花源。他相信，在简约优雅的露台看风景，更能从户外的景色中获得创作的启迪。

面朝大海，春暖花开，是很多人期望的生活状态和人生梦想。在设计师邱德光的手中，看似遥不可及的梦想最终在邱德光之家得以实现。宠辱不惊，闲看庭前花开花落；去留无意，漫随天外云卷云舒。在邱德光之家，听风、看海、喝茶、想念，在清新自然的爱抚中得以真正品尝生活的幸福滋味。

"邱德光之家"根据各个空间的功能不同而采取风格多样的设计手法和设计元素,创造了空间的多种可能,为设计师们打造一个可以度假工作的"Dream House"。

如同雕塑般的黑色悬吊式壁炉, 呼应"青岛小镇·邱德光之家"的艺术性。

（左）华贵圆满的中式餐厅，有艺术品端景、吊灯陪伴。
（右）西式餐厅有原木质感的窗区，也有中岛厨房和吧台，自然与现代感兼具。

（左、右上）二楼起居室延续低调奢华的享受。
（右下）开放式书房承袭客厅的当代中国文人气息。

（左）三楼Art Deco风格的主卧是主人的秘密基地。
（右）原木材质的天花满溢北欧度假风，专属梦幻浴室可供主人充分享受与放松。

（左、右）四楼起居室也是画室，可在简约优雅的空间中，坐在露台看风景，从户外的景色中获得创作启迪。

致 谢

感谢为此书著传的Shashi Caan女士，与邱德光先生进行对话的卢志荣先生、田家青先生，以深思熟虑和睿智过人的专业视角，洞悉设计中的朗朗乾坤，在意味深长的对话中，传递耐人寻味的美学态度，感动人心的设计力量。

感谢此书的撰写者姚京、项菲菲，以赤子情怀抒写，以心灵温度关照。

感谢此书的设计工作室Zignificant，为美术设计注入生命力。

感谢此书的书法者谢天，为封面色彩给予演绎。

感谢此书的出版者辽宁科学技术出版社，为校审和出版付出的大量努力。

《邱德光新装饰主义⁺》

出品人 袁欣

2015年01月

T. K. CHU DESIGN

邱 德 光 设 计

主持人暨总设计师：邱德光
董事总经理：袁欣

公关传讯部：邱怡中（台北）、王子小姐（北京）

台湾：台北市内湖区洲子街76号8楼
北京：朝阳区万科公园五号商业20号302室

Managing Director: T.K.Chu
Managing Director: Jeffrey Yuan

PR & Comm. Dept.: Doris Chu（Tai Wan）
                  Zoe Wang（Bei Jing）

TW: 8F No.76,Chow-TZE ST., Nai Hu. TAIPEI 114, TAIWAN(R.O.C.)
BJ: RM.302 Vanke 5th Park BLDG 20,Chaoyang B.J (P.R.O.C)

www.tkchu.com.tw

图书在版编目（CIP）数据

邱德光新装饰主义 / 袁欣，姚京主编.—沈阳：辽宁科学技术出版社，2015.4
ISBN 978-7-5381-9199-8

Ⅰ.①邱… Ⅱ.①袁…②姚…Ⅲ.①室内装饰设计－作品集－中国－现代 Ⅳ.①TU238

中国版本图书馆CIP数据核字（2015）第075670号

出版发行：辽宁科学技术出版社（地址：沈阳市和平区十一纬路29号 邮编：110003）

印 刷 者：北京雅昌艺术印刷有限公司

经 销 者：各地新华书店

幅面尺寸：240mm×313mm

印　　张：36.75

插　　页：4

字　　数：120千字

出版时间：2015年4月第1版

印刷时间：2015年4月第1次印刷

特约编辑：姚　京

美术设计：灵　子、高　华

摄　　影：安　利、周宇贤、林昭宏、零伍一柒(赵志程、林岳弘) & T-Media Production(Alek Vatagin)

书　　法：谢　天

内容统筹：王　子

责任编辑：郭　健

责任校对：李淑敏

书号：ISBN 978-7-5381-9199-8

定价：580.00元

联系电话：024-23284536,13898842023

邮购热线：024-23284502

E-mail：1013614022@qq.com

http://www.lnkj.com.cn